中国科学院院士 **褚君浩** 作序推荐

和孩子聊聊 从互联网到物联网

仇志军 仇博文 / 著

U0237965

上海科技教育出版社

序

    科技创新、科学普及是实现创新发展的两翼，科学普及与科技创新具有同等重要的意义。纵观世界上的科技强国，无一不是科普大国。我们实施创新驱动发展战略，就是要把科技创新始终放在国家发展战略的核心位置。然而，科技创新离不开大众科普，特别是对青少年的科学普及。只有当青少年的科学认识普遍得到提升，国家的科技创新能力才能获得可持续发展。

    在当下知识大爆炸的时代，科普工作需要进一步发展，在科学知识传授的基础上，加强科学观念树立和创新精神培育。该书作者仇志军是我20年前的一个博士生，当年在选择研究课题时，我给他布置了颇具挑战性的量子霍尔效应研究。该效应是由德国物理学家、我的老朋友冯·克利钦于1980年发现的，他由此获得了1985年的诺贝尔物理学奖。机缘巧合的是，2004年，仇志军由于优异的博士工作受邀参加了在德国林道举办的一年一度的诺贝尔奖获得者大会，并受到冯·克利钦教授接见。之后，仇志军继续在国内外从事学术与科学研究，在此期间仍然与我保持良好的联系。2018年春节期间，他还带着儿子仇博文（也是本书作者之一）来探望我。当得知他要将这几年孩子的兴趣教育整理成一本科普读物，并邀请我为此书作序时，我欣然应允。

    这本书与以往科普书最大的不同点在于紧扣信息技术发展的前沿，是第一本完全以信息网络技术为主的青少年科普书，内容涵盖传统互联网、移动互联网、云计算、大数据、人工智能、物联网等相关知识领域。在写作方面，该书将文学、历史等人文学科内容与信息科学技术有机结合，语言生动活泼，使得科学技术不再枯燥无味。此书也是一部将我们国家独立自主、开拓创新的精神融入科普教育，激励青少年树立科技报国理念，为实现第二个百年奋斗目标、实现中华民族伟大复兴的历史使命贡献力量的佳作。

    最近，我非常高兴地看到教育部在最新发布的义务教育课程方案中，将"信息科技"从综合实践活动课程中独立出来，成为一门单独的科目，并将于2022年秋季学期开始执行。这本书的出版恰逢其时，可以作为全国中小学生的信息科技课外读物，以及未来专业规划和学习的参考。

中国科学院院士

2022 年 5 月 18 日

作者介绍

　　仇志军，复旦大学信息科学与工程学院教授、博士生导师，上海市传感技术学会理事。2004年毕业于中国科学院上海技术物理研究所，获博士学位，师从我国著名半导体物理和器件专家褚君浩院士，曾作为全国优秀博士生受邀出席在德国林道举办的第54届诺贝尔奖获得者大会。曾在中芯国际集成电路制造（上海）有限公司和瑞典皇家理工学院从事新一代芯片技术研发。先后承担多项国家和上海市科研项目，发表学术论文100多篇，部分研究成果被上海广播电视台、东方卫视、《环球科学》《科技日报》《解放日报》等多家媒体广泛报道，其中物联网技术相关科研进展被《上海科技报》评为"2014年上海十大科技事件"之一。

　　仇博文，复旦大学第二附属学校学生，信息技术爱好者，熟练掌握电脑DIY技术，熟悉各类常用操作系统和VMware虚拟化技术，自学Scratch、Python和micro:bit编程。

写在开头的话

从没想到自己会去写一本科普书。几年前，曾有过写书念头，不过当时想写的是专业类书籍，后来由于种种原因就慢慢淡忘了，主要还是觉得看的人少，便提不起兴趣去写。自从博文出生后，我更无暇顾及写书之事，甚至连看书的时间都少了。随着孩子慢慢长大，他接触的世界越来越广，随之而来便是"十万个为什么"。与我们过去单调且自得其乐的童年不同，现在的孩子从呱呱坠地那一刻起，便被五花八门的电子产品所包围。有时候，他们对电子产品的热爱甚至超过对大自然的喜爱。作为新生代家长的我们对这些电子产品既爱又恨，更多的时候则是无可奈何，因为它们已与我们的日常工作、衣食住行密不可分。但是，如果从另一个角度看，电子产品并不完全是洪水猛兽，而是我们这个时代的产物，是人类文明进步的象征，其背后蕴含着丰富的科学知识。如果能在孩子使用这些电子产品的过程中，顺便给他们做一下科学普及，使他们了解技术背后的故事，说不准会激发他们的好奇心，提高他们学习新科学知识的热情和兴趣，而不只是沉迷于各种电子游戏之中。

博文自从进入小学高年级之后，对电脑、手机、智能音响等各种智能化产品产生了极其浓厚的兴趣。起初，我也尝试寻找一些信息技术类科普读物，让他自己阅读以增长课外知识。但后来我发现，这类科普书籍存在一个通病，那就是同质化现象严重，专业术语表述晦涩难懂，阅读起来索然无味，孩子也就再无兴趣看下去。其实这些科普作者忽略了一个重要事实，那就是我们的孩子并不是科技"小白"，他们是在微信、手游、抖音、直播等网络环境下成长起来的，对手机、电脑等电子产品并不陌生，而是深有体会。所以，如果科普书远离孩子生活，对孩子的兴趣点捕捉不到位，就适应不了他们现在变化多端的阅读需求。

既然孩子已见过星辰大海，那何必再从小河开始讲起？这个想法促使我下决心写一本真正适合孩子阅读的科普书。既然不能按照传统的知识传授型科普路线走，那还有什么更好的写作方式呢？这几年，博文在接触互联网之后，提出了各种匪夷所思的问题，通过与他的沟通和交流，我恍然大悟：为什么不从孩子的视角出发，从实际生活场景去写，做到润物细无声呢？我相信，一个孩子提出的问题也是其他同龄孩子想要了解的问题，所以我决定和博文共同完成此书。

本书从互联网出发，涉及日常生活以及未来社会发展所需要的各类信息技术，其中包括局域网和广域网、路由器、Wi-Fi、5G、导航定位、蓝牙、NFC、云计算、虚拟计算机、人工智能、无人驾驶、机器学习、类脑芯片、脑机接口、神经网络、物联网、华为鸿蒙操作系统、微内核、分布式软总线技术、智能家居等，给孩子呈现出近几十年来信息技术从计算机、互联网到物联网，从云计算、大数据到人工智能的融合发展过程。可以设想，在不远的将来，人类将会进入现实世界与虚拟世界相结合的"元宇宙"空间，在该空间，真实和虚幻的界限将变得越来越模糊，正如电影《黑客帝国》中引路人莫菲斯对"救世主"尼奥所说的：What is real? How do you define "real"? If you're talking about what you can feel, what you can smell, what you can taste and see, then "real" is simply electrical signals interpreted by your brain.

为了不让一些专业知识显得深奥难懂，书中尽量采用通俗易懂、轻松幽默的语言和形式多样的彩图去阐述和表达。通过与孩子一问一答的对话形式，尽量做到贴近孩子的日常生活，用孩子容易接受的方式讲述科技背后的故事，做到真正接地气。与传统科普书籍不同，本书并不追求知识传授的面面俱到，而更多是希望实现一种大众化普及，侧重可读性，让孩子在掌握知识的同时，培养一种积极乐观的心态。此外，书中同时还穿插和讨论了我们国家和企业在发展高新技术上所面临的困境和外部挑战，以激发孩子的责任感和民族自豪感。从某种意义上说，这是一本集故事性、科普性和教育性于一体的陪伴式科普读物，是一种新的科普创作模式，对我来说也是一个极大的挑战。如果孩子能在轻松的状态下阅读完整本书并有所收获的话，我相信写这本书的目的就达到了。书的末尾列举了我国在信息科技领域的重点发展方向，希望对孩子未来的专业学习和职业规划有所帮助，还推荐了一些相关书籍和电影作品，可以进一步拓展孩子的知识面，加深他们对本书的理解。

本书在撰写过程中得到了很多人的帮助与支持。在此要感谢我的导师褚君浩院士为本书作序，感谢复旦大学信息科学与工程学院院长迟楠教授为本书撰写推荐语，感谢复旦大学第二附属学校李鸿娟校长倡导"秉承复旦校训，坚持给学生更宽广的教育，让学生全面可持续发展"的办学理念，感谢语文教师黄烨华老师和英语教师张慧莹老师对本书提出的宝贵意见，感谢上海科技教育出版社匡志强副总编和林赵璘编辑的精心策划和辛勤工作，感谢一路陪伴博文成长的小伙伴们：童童、呵呵、翘翘、悠悠、琳琳、小悠、小沐、哈哈、玥玥、虎妞，还有远在大洋彼岸的诺宝。

最后，本人非常欣赏华为终端业务 CEO 余承东在华为面临美国技术封锁和制裁时所说的一句话："没有人能够熄灭满天星光。"我想，这夜空中不停闪耀的星光不正是来自千千万万个拥有光明未来的孩子吗？

仇志军

2021 年 12 月于新江湾城

目录

第一章
无所不知的互联网

爸，黄老师说的《同学之间》那篇作文，你打印了吗？

爸，老师又在微信上说什么了？

爸，我们小组还要做个PPT，你帮我弄一下。

好烦，你们学校事真多。

博文自从进入小学三年级以后，各科老师布置的任务越来越多。为了一劳永逸，我决定送他一台旧电脑，让他自己去倒腾，省得以后学校的事情老来烦我。可惜这只是我的一厢情愿。这台不起眼的电脑帮他打开了一扇魔法之门，各种妖魔鬼怪式的问题蜂拥而至，叫爸的频率直接上升了N倍，叫得我头都大了，还真是有点失策……

爸，爸，爸，你过来看一下我的电脑。

啥事？我在忙，你电脑怎么了？

我电脑开机画面和你的不一样。

这有什么好奇怪的，这是两款不同的电脑操作系统：美国微软（Microsoft）公司开发的Windows操作系统和苹果公司开发的macOS操作系统。

为什么电脑一定要安装操作系统？

爱你孤身走暗巷……

操作系统好比是支撑植物生长的"土壤"，用来控制和管理电脑中各种软硬件资源，并将我们输入的指令转换成电脑所能识别的语言，起到翻译作用，否则电脑无法明白我们的想法，就像鸡同鸭讲。

你好，小娜，放首音乐.

我说呢，上课老是听不懂黄老师在讲什么，原来缺少个翻译。

计算机常用数据单位

位，比特（bit**或**b）：表示一个二进制数字0或1 。

字节（Byte**或**B）：1 B = 8 bit，计算机存储信息的基本单元，一个英文字母占1个字节，一个汉字占2个字节。

千字节（KB）：1 KB = 1024 B，一篇500字作文约占1 KB。

兆字节（MB）：1 MB = 1024 KB，一分钟音乐约占1 MB。

吉字节（GB）：1 GB = 1024 MB，一小时高清电影约占1 GB。

太字节（TB）：1 TB = 1024 GB，一台电脑硬盘大小约为1 TB。

老爸，为什么Windows操作系统中显示它是64位操作系统？

64位操作系统是指专门为64位电脑设计的操作系统，除了64位外，还有更早的32位和16位操作系统。位数越高，说明电脑最关键的核心芯片——中央处理器（CPU）的计算能力越强。

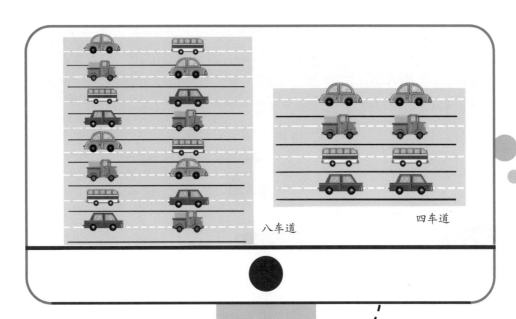

八车道

四车道

　　打个比方：64位电脑CPU好比8车道高速公路，而32位则相当于4车道公路，公路越宽，一次性通过的汽车数量也就越多。64位CPU意味着一次性可处理64比特（bit），也就是8个字节（Byte）的数据量。

　　在所有研制CPU的企业中，最为著名的是美国英特尔（Intel）公司和超威半导体（AMD）公司。巧的是，2021年正好是Intel公司第一款CPU 4004问世50周年。

那会不会出现128位的电脑呢？

理论上可以，但位数越高，制造难度和成本也随之上升。实际上，为了进一步提高64位电脑的运行速度，目前CPU已经从早期的单核发展到现在的多核。

多核CPU又是什么呢？

多核CPU就是把多个CPU核心集成到单个芯片上。单核CPU好比一个人抬动一块巨石，而多核CPU则是多人集体分工合作，这样每个人的负担就减轻了。核数越多，电脑运行效率就越高。目前台式电脑CPU核心数最多为18核。

单核CPU

六核CPU

大家听我口号，一，二，三走！

太重了，受不了了！

几个人一块干，会不会有人偷懒呀？我们小组每次打扫卫生，总有人偷懒不干活。

我看就你偷懒吧。

……

除了核心数以外，CPU还有一个重要的性能指标：工作频率，也称主频。简单来说就是CPU每秒钟运算次数，用Hz表示。频率越高，CPU运算速度越快。CPU主频从最早的每秒钟10万次（100 kHz）发展到现在最高每秒钟50亿次（5 GHz）左右，整整提高了5万倍。但之后CPU主频会基本保持不变，不再有大幅度提升。

为什么呀？

CPU频率越高，功耗和发热量也会随之水涨船高，如果不能很好地控制芯片散热，CPU温度就会急剧上升，最终导致芯片烧毁，因此芯片的散热能力决定了CPU的最高工作频率。这与我们跑步很类似，跑得越快，身体越热，为了控制体温，神经系统会不断刺激汗腺释放汗液，汗液通过蒸发作用带走身体部分热量来达到降温目的，否则就有中暑危险。

怪不得笔记本电脑在使用一段时间之后，感觉会有点发烫。

目前电脑主要通过风扇散热，还有少部分采用水冷散热方式，来保证CPU在不超过70℃的温度下工作。

懂了，这跟我们夏天吹风扇、洗冷水澡是一个道理嘛。

爸，我很好奇为什么苹果电脑要取"苹果"这个名字？太奇怪了，它又不卖苹果。

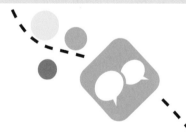

这个被咬了一口的苹果图标，据说是苹果公司创始人乔布斯为了纪念伟大的英国计算机科学家图灵而设计的，图灵当年就是在咬了一口含有剧毒的苹果后去世的。

你知道吗？

　　今天所有的计算机都是在图灵提出的图灵机模型上发展而来的，图灵机模型奠定了现代计算机的逻辑工作方式。为了纪念图灵这位伟大的科学家，美国计算机协会于1966年设立了图灵奖，旨在奖励在计算机科学中作出突出贡献的人。图灵奖是计算机领域的国际最高奖项，被誉为"计算机界的诺贝尔奖"。迄今为止，姚期智是唯一获得图灵奖的中国科学家。

爸，苹果的macOS操作系统可以安装在我的电脑上吗？我也想试试。

一般来说，macOS操作系统是无法在非苹果电脑上安装的，因为操作系统要和电脑里的硬件相适配。我们知道，电脑是由主板、CPU、内存、硬盘、光驱、显卡、声卡等硬件构成的，大多数硬件需要相应的驱动程序才能工作。由于macOS操作系统是苹果公司独立开发的封闭性操作系统，并不对外开放授权，所以其他电脑硬件厂家就无法在macOS系统上开发相应的硬件驱动程序。这就导致macOS操作系统对这些硬件不兼容，也就无法顺利安装了。

但是Windows操作系统几乎可以在所有电脑上运行使用。

这是因为微软公司创始人比尔·盖茨采取了与苹果公司完全不同的市场策略，就是与所有硬件厂家合作，让其适配Windows操作系统，并鼓励他们在Windows操作系统上开发更多的应用产品，甚至苹果电脑也可以安装Windows操作系统。

那为什么苹果公司不对外开放自己的macOS操作系统呢？

这跟公司的理念有关系，苹果公司是一家软硬件相结合的公司。公司创始人乔布斯是个完美主义者，崇尚软硬件一体化设计，希望呈现给消费者的是充满设计美感的产品，从软件到硬件的所有细节都力求完美。所以，苹果公司不允许其他厂家随意更改他们的产品，软件系统也就不对外开放了。

哦，我明白了，微软公司只是一家软件公司，为了快速抢占电脑操作系统市场，采取了开放和系统兼容的策略。

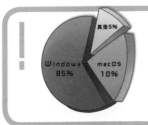

微软公司有句著名的口号：征服世界上所有的电脑。目前Windows操作系统市场占有率超过85%，而macOS不到10%，此外还有少部分其他操作系统，如Linux操作系统。

但是任何事物都具有两面性，由于Windows操作系统的普及率高而且开放性强，针对它的病毒数量远远多于针对苹果macOS系统的，所以Windows操作系统的电脑往往还需要安装不同的杀毒软件。相对而言，苹果电脑的安全性更高，大多数时候不需要安装杀毒软件，系统运行也更流畅，但价格也更昂贵。

怪不得有些人非常喜欢苹果产品，为了能够抢到最新款的苹果手机和电脑，他们宁可在商店门口排一晚上队。

这些人大多是苹果的粉丝，号称"果粉"。

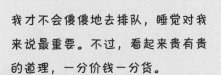

我才不会傻傻地去排队，睡觉对我来说最重要。不过，看起来贵有贵的道理，一分价钱一分货。

爸，我的电脑怎么无法上网，是不是Windows系统出什么问题了？

你连网线都没接，能上才怪了。

你的电脑不也没连网线，怎么能上网？

目前电脑上网有两种方式：一种是插网线上网；另一种是不需要网线的无线上网。但这两种方式都需要一个关键的上网设备——网卡，无线上网需要无线网卡。不好意思，你的电脑只有一个内置有线网卡，没有无线网卡。

为什么需要网卡？

这是因为数据在电脑各硬件之间是以并行方式传输，而在网络上却是以串行方式传输，所以电脑在对外通信时需要进行数据转换。网卡起到对数据打包并进行串行-并行转换的作用。

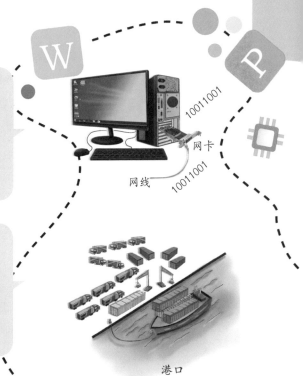

这就好比一个对外运输的港口，从陆路转为海上运输，或者反过来从海上转为陆路运输时，货物都需要重新装卸打包。网卡就是数据传输的"港口"。

明白了，那我先找根网线插上。

10分钟过去了……

啊，还是连不上。

你太天真了，光插网线有什么用，还要在电脑里设置IP地址。

你早说呀，不过IP地址是啥玩意？

我们家地址你知道不？

当然知道，我又不是傻子。

你好，我有包快递要寄到北京。

IP地址类似于我们家住址，你要先告诉快递小哥我们家在哪，他才能送货上门。一台电脑要能连接互联网，首先要遵从网络通信制度，就跟你们上学时每个人都要遵守学校的规章制度一样。这个网络通信制度就是TCP/IP协议，在这个协议下，每台互联网电脑都会分配一个IP地址。IP地址跟手机号码相似，是由一连串数字构成的，比如202.120.118.7。

这比电话号码还难记。

好的，请问您在哪里？我马上上门来取。

IP地址很多时候也不用记，电脑会自动获取IP地址。

OK！终于弄好了。

14

你知道网线的另一端连到什么地方吗？

不就是插到墙上的网络接口嘛？

然后呢？

……

电脑是通过墙上的网络接口和房间里的路由器相连。

What？路由器是什么鬼？

计算机网络总体分为局域网和广域网。比如家里几台电脑相连就可以构成一个小型网络，这就是局域网，属于小范围网络。如果把不同地区的局域网相连就形成广域网，我们口头常说的互联网（Internet）就是最大的广域网。Internet由英语单词前缀inter（相互）和net（网络）所构成。路由器起到沟通不同局域网的桥梁作用，并选择最快捷的信息传送线路。

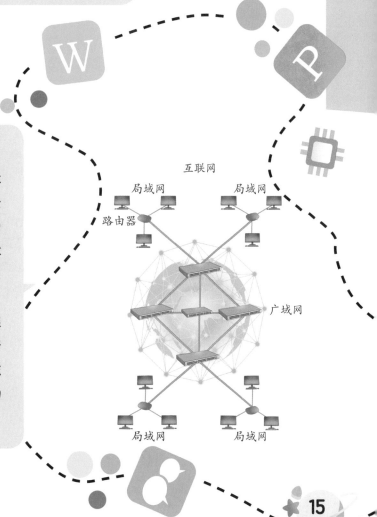

互联网

局域网　　　　局域网

路由器

广域网

局域网　　　　局域网

爸，你讲了半天，我还是不明白路由器是干什么的。

跟你解释起来太费劲。打个比方，如果你在上课的时候要找隔壁四班的呵呵同学借书，你能随便走出教室吗？

我可不敢呀。随意走动，被老师发现，是要扣班级分的。不过我可以报告黄老师，让她帮我去拿。

这就对了，你把需求告诉黄老师，如果黄老师不认识呵呵同学，她就只好找他们班的张老师，由张老师告诉呵呵你需要什么书，这样你和呵呵之间就建立起了信息链条。黄老师在这里起到一个"路由器"的作用。

这么说，我们班就相当于一个局域网，每个同学就是一台"小电脑"，如果我们要和外界联系，就需要通过老师这个"路由器"。还有上课的时候，和同桌交头接耳也是要经过老师批准的。是不是同样的道理？虽然我们两台"电脑"靠得很近，但互发信息也要经过"路由器"转发。

抓住问题的核心了，确实如此。

那么，学校就是由一个个局域网所构成的广域网。

电脑要连接互联网，光有路由器是不够的，还需要互联网服务提供商提供互联网接入服务，就像打电话除了要有电话机以外，还需要电话公司提供电话服务。

有哪些公司可以提供互联网接入服务呢？

国内最常见的是三大电信运营商：中国移动、中国电信和中国联通。此外还有分布于全国各地的广播电视网络公司，如上海东方有线、广东广电，等等。

那具体怎么接入呢？

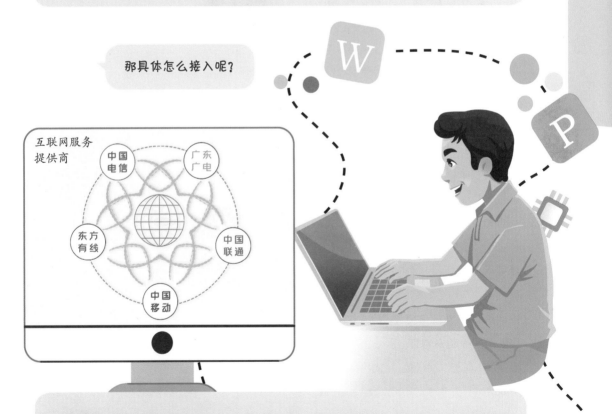

早期互联网接入是利用已搭建的公共电话网和有线电视网，这样可以降低网络建设成本。因为每家每户都有电话接口和有线电视接口，所以通过电话线或有线电视同轴电缆，就可以在打电话和看电视的同时，满足上网需求。

但电脑网卡无法插入电话线或同轴电缆线呀。

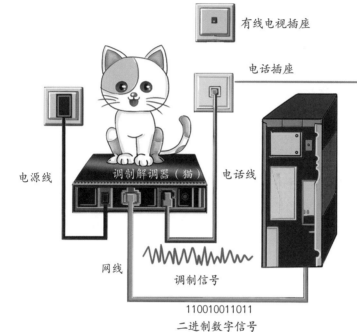

有线电视插座

电话插座

调制解调器（猫）

电源线　　　　　　　　　　　电话线

网线

调制信号

110010011011

二进制数字信号

是的，所以还需要有个转接设备。网卡输出的数字信号必须经过某种形式的调制或转换，才能适合在电话线和电缆线中传输。反过来也是，线路中传输的信号必须先解调或还原成数字信号，才能被网卡接收。这个设备就是调制解调器，英文名叫Modem，因为读音和猫相近，所以调制解调器俗称为"猫"，这可不是家养的宠物猫。

互联网服务提供商

互联网

太有意思了，看来每家每户都有一只可爱的"猫"。

随着上网流量越来越大，传统电话线和电缆线的网络带宽已无法满足需求，现在普遍开始采用带宽更大的光纤网络。

什么是网络带宽？

网络带宽是指1秒钟内网络能够传输的最大数据量，单位是bps（bit per second），有时也写作b/s，带宽是衡量网络数据传输能力的一个重要指标。你可以把网络带宽想象成水管，水管越粗，出水量就越多。通常，电话线网络带宽为每秒10兆比特（10 Mb/s），有线电视网络带宽为50 Mb/s。目前单根光纤的网络带宽可以超过100 Gb/s，是有线电视网络的1000倍以上，甚至还可以更高，实验中单根光纤的网络带宽已高达26 Tb/s。

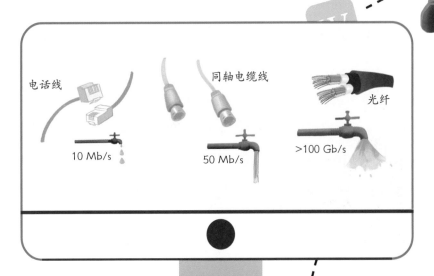

电话线

同轴电缆线

光纤

10 Mb/s

50 Mb/s

>100 Gb/s

噢，难怪现在要普及光纤网络。

你知道吗?

第一个提出光纤通信构想的是出生于上海的华裔科学家高锟,他由此获得2009年诺贝尔物理学奖,并被誉为"光纤通信之父"。

正因为高锟的光纤通信理论,互联网才得以快速发展。光纤网络可以实现电话网、有线电视网和互联网"三网合一"的功能,节省了分别铺设电话线路和有线电视线路的费用。

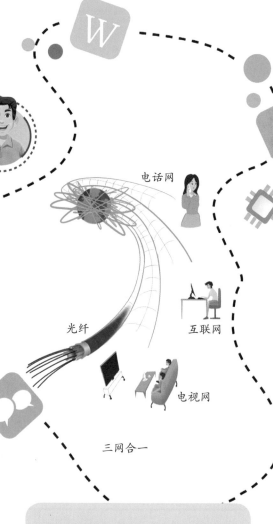

电话网

光纤

互联网

电视网

三网合一

下有光缆 严禁开挖

← 光缆

如果你仔细观察的话,有时在路边会看到"下有光缆,严禁开挖"的警示牌。

那家里的光纤入户信息箱是不是用来连接互联网的呀？

是的，不过电脑在连接光纤之前也需要一个"猫"，一般称为"光猫"。光纤与电话线和电缆线不同，它内部传输的是光信号而不是电信号。"光猫"的作用是将数字信号转换为光信号传输，或者反过来将光信号转换为数字信号。

入户光纤

光猫

光信号

110010011011
数字信号

怪不得光纤的名字里有光。

通常，电脑连接互联网的过程是网卡先连路由器，然后路由器连"光猫"，最后"光猫"通过光纤连接互联网。

但是我在光纤入户信息箱中没发现"光猫"，只看见一个路由器。

那是因为这个路由器和普通路由器不同，它带有光纤接口，实际上是把"光猫"和路由器合二为一了，此外，它还提供电话和电视接口，具有三网合一功能。

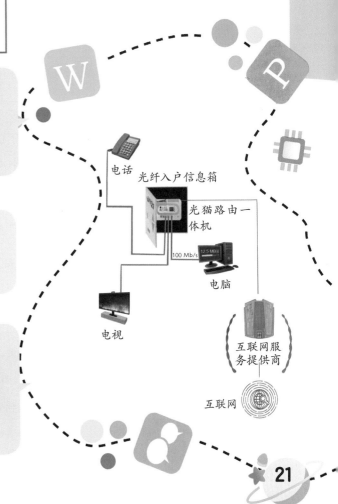

电话　光纤入户信息箱

光猫路由一体机

100 Mb/s　12.5 MB/s

电脑

电视

互联网服务提供商

互联网

爸，我们家网络带宽只有100 Mb/s，为什么不升级到更高的带宽呢？

带宽越高，收费标准也越高。一般来说，100 Mb/s对普通居民家庭用户已经够用了。不过有时候，电脑实际网速会小于给定的带宽大小，这跟上网设备数量有关系，因为这些网络设备要共享带宽。比如我们两台电脑同时使用网络，那么每台电脑最大网速只有50 Mb/s。此外，网速还会受到"光猫"、网卡、路由器等硬件性能影响。

明白了，不过我觉得上网总要带根网线，太不方便了。

你知道吗？

网络数据传输的最小单位为比特（b），而硬盘、内存等存储数据的最小单位为字节（B），很多人会混淆这两个单位。100 Mb/s =12.5 MB/s，通常一部1.5 GB大小的电影，在100 Mb/s带宽下，2分钟左右可下载完毕。

是的，所以我的电脑采用无线上网方式。无线上网的前提是拥有无线网卡和无线路由器。无线上网就是用无线电波替代有线连接进行数据传输，好处是便捷、灵活，可以同时支持多台设备上网来构建无线局域网WLAN，不像有线网络受网络接口数量限制。

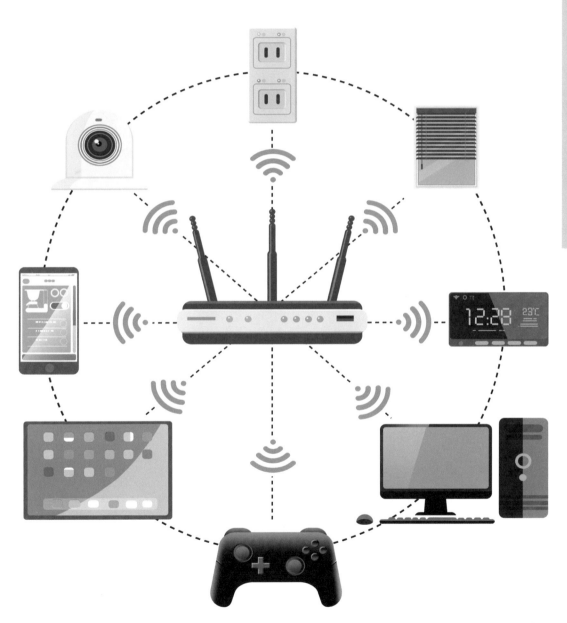

也就是说，如果房间里有20个人，那么他们都可以通过无线方式上网；如果采用有线上网，我们房间里只有两个网络接口，那么只能允许两个人同时上网了。

对，不过无线上网设备要遵循网络Wi-Fi协议。在超市、饭店、车站等很多地方都会看到Wi-Fi标志 ⚡，表示这个地方可以通过Wi-Fi无线上网。但Wi-Fi上网也有几个弱点。

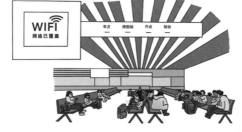

第一，Wi-Fi信号很容易被墙、树等障碍物遮挡，导致信号传输不稳定，容易出现"掉网"现象。

第二，网速。无线网络传输速度比有线网络慢，特别是当无线网络接入用户量越多时，网速就会变得越慢，这和公路上车流量越大，车速越慢是一个道理。

怪不得，地铁里Wi-Fi信号总是不好，网速还慢。看来任何事情都有利有弊。

所以，现在Wi-Fi网络通常使用2.4 GHz和5 GHz两个频段进行信号传输。

为什么要使用两个不同频段？

这主要是起到互补的作用。因为，2.4 GHz信号频率低带宽小，抗干扰能力差，但优点是传播距离远，绕过障碍物能力强，俗称"穿墙"性能好；5 GHz优点是网速快，稳定性好，但信号覆盖范围小，容易被遮挡。所以，现在主流无线路由器基本上都采用双频段。

你知道吗？

　　人们仍在努力提高Wi-Fi的传输速度，目前已推出新一代Wi-Fi 6技术，与上一代Wi-Fi 5相比，网速至少提高2倍，可容纳上网设备数量增加4倍。将来还可能进一步利用可见光进行通信，也称Li-Fi技术，在满足日常照明的同时，提供高速互联网接入。理论上Li-Fi数据传输速度比Wi-Fi快100倍，未来将实现处处有光，处处可上网的梦想。

爸，你能教我如何在网上查资料吗？今天语文课，黄老师说扁担的"扁"是个多音字，我想查一下"扁"还有哪些发音。

你可以上百度查一下。把网页浏览器打开，然后输入百度网址。以后，你想要了解什么，都可以在这个网站上查找。

百度这么厉害，真是无所不知。

不是百度无所不知，百度只是一个搜索引擎公司，类似的还有美国谷歌（Google）公司。搜索引擎的作用是根据输入的关键字或词，比如"扁"，在互联网中查找与该字有关的网页，并按照相关性排序。

是不是跟我上次去图书馆借书类似？如果需要什么书，就去找图书管理员，她会很快告诉我书放在什么位置，好像每本书的位置都在她大脑里似的。不用我自己"瞎猫碰到死耗子"，乱翻一通了。

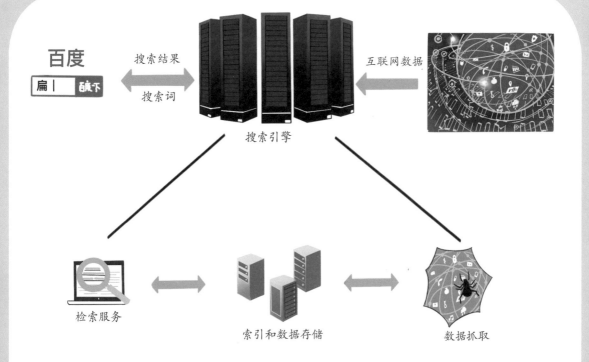

百度

搜索结果
搜索词

互联网数据

搜索引擎

检索服务

索引和数据存储

数据抓取

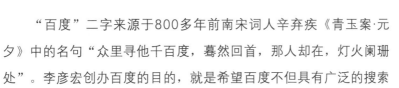

你知道吗？

"百度"二字来源于800多年前南宋词人辛弃疾《青玉案·元夕》中的名句"众里寻他千百度，蓦然回首，那人却在，灯火阑珊处"。李彦宏创办百度的目的，就是希望百度不但具有广泛的搜索功能，而且还会给用户带来意想不到的搜索结果。

不错，能自己联想了。百度跟图书管理员是有几分类似。图书管理员不一定记得每本书的位置，但她很熟悉图书分类存放的位置，可以根据索书号迅速找到图书。百度则是利用爬虫软件把互联网上能够找到的网页信息，都存储在自己的"大脑"中以建立索引列表，并经常更新该列表，以便向用户快速提供检索结果。

啊？这要多大的"脑袋"才能装下那么多东西。

这个"脑袋"就是服务器。服务器跟我们日常使用的电脑很相似，只不过服务器的CPU、内存和硬盘数量更多，运算能力更强，数据存储容量也更大，这样可以为访问它的计算机提供各种服务。服务器的用电功耗也很惊人。据统计，全球每年用于服务器运转的电量约占全球总发电量的2%，其中很大一部分电量用于服务器的散热制冷，不让它们因过热而崩溃。

那把这些服务器放到寒冷的北极不就可以省电了嘛？

聪明！美国著名社交网络公司Facebook（脸书）就把自己的服务器搬到了靠近北极圈的瑞典，而微软公司则把部分服务器沉到海底，利用冰冷的海水降温。

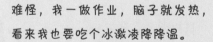

难怪，我一做作业，脑子就发热，看来我也要吃个冰激凌降降温。

就你事多，赶快把语文课本第三单元生字默写一遍，明天黄老师就要检查了。

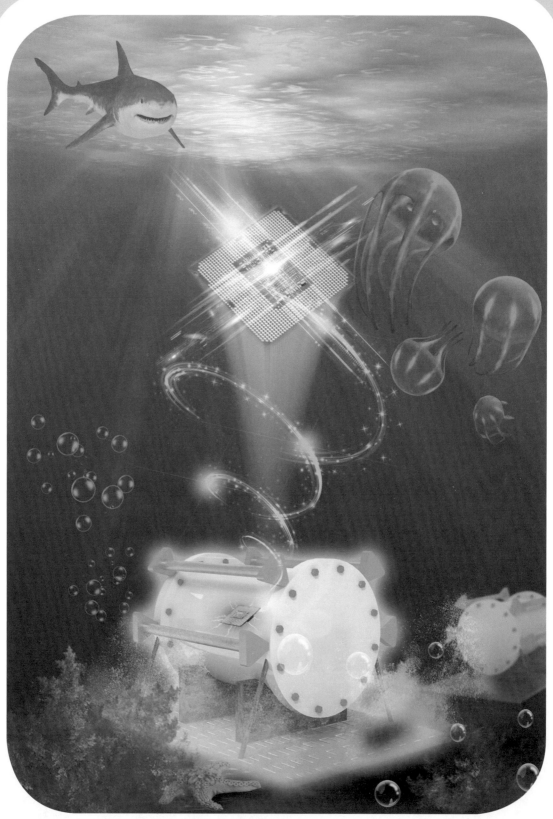

第二章

无处不在的移动互联网

一天放学后，博文悄悄走到我身边……

爸，我们班很多人都有手机，童童也有一个。

我知道你在想什么。你咋不说上次英语考试，童童考了96分，你才考了几分？

上次张老师出题太难了，很多英语单词我都没见过，整个人都懵了。

那是因为你单词和语法欠缺。看样子，应该去买英语字典。

要不这样，字典和手机一块买。

你要手机干什么？打游戏、看抖音还是跟人聊天？人家童童自制力很强，除了打电话以外，就是用手机App练英语听力，你呢？

我也能做到，如果看到我玩手机，你就没收，这下总可以了吧。

这可是你说的，不过要用你的压岁钱来买。还有，手机有那么多型号、款式和配置，你知道该怎么选吗？

你先带我去手机店看一看嘛。

爸，你看每个手机都标明了CPU、内存、显示等各种配置，跟电脑一样。

虽然都是CPU，但它们的内部架构却不相同。一个是Intel和AMD公司开发的x86架构；另一个是英国ARM公司推出的ARM架构。它们的主要区别在于，x86 CPU执行的是复杂指令系统，而ARM CPU则使用精简指令系统。

既然有了一套计算机指令系统，为什么还要推出另一套精简指令系统？

这是因为在复杂指令系统中，大约只有20%的简单指令被经常使用，而剩下80%的复杂指令不但使用频率较低，而且还会增加CPU的制造难度、成本和研制时间。所以才推出了精简指令系统，它只保留了原来复杂指令系统中20%的简单指令，并对其进行了优化，使其满足大多数应用需求，同时CPU结构简单、制作成本较低。

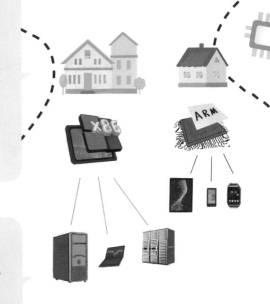

x86 CPU就好比是一栋装修精美的豪华别墅，别墅内功能设施齐全，但造价和使用费高；而ARM CPU就像一座普通住宅，内部装修配置简单，优点是价格便宜费用低。

那就是说x86 CPU的运算能力要高于ARM CPU了。

是的，为了追求高性能，台式机、笔记本电脑和服务器基本都采用这类CPU，而ARM CPU的优势在于体积小、功耗低，主要用于手机、平板电脑、智能手表和手环，目前苹果、华为和美国高通公司都在积极研发ARM CPU芯片。

是不是因为手机是由电池供电，所以只好采用耗电量少的ARM CPU？

没错，如果采用x86 CPU，手机很快就没电了，需要频繁充电。如果手机每十分钟充一次电，你还会用吗？

那确实太麻烦了，就算白给，我也不要。

手机除了CPU以外，还集成了一个特有的通信模块，那就是我们常说的3G、4G或5G通信模块，也称为基带芯片。没有这个通信模块，手机就无法打电话、发短消息和上网。

老爸，这里的G和数据存储单位1 GB里的G是一个意思吗？

当然不是，虽然缩写字母是一样的，但意思完全不同。3G、4G和5G中的G来自英文单词generation的首字母，意思是"代"，所以3G表示第三代通信技术，5G表示第五代通信技术。内存里的GB是gigabyte的缩写，表示吉字节。

哦，我都被这些缩写字母搞晕了。

这下知道英语的重要性了吧。

爸，手机内存配置8 GB + 128 GB是什么意思？

8 GB内存是指CPU在运行程序时所能提供的最大运行空间，比如说打开手机微信，微信程序就会占据一定的内存空间进行数据运算。运行空间越大，可以同时打开的App程序就越多，程序运行也就越流畅。但是这个运行空间只能暂时存放数据，程序一关闭，它占据的内存空间就要释放出来。这和乘坐公交车很类似，你一旦到站下车，坐过的座位就会空出来给其他乘客坐。

128 GB内存是指手机存储空间，手机拍摄的照片、视频还有各种文档资料都保存在这128 GB的存储空间里。即使手机关机，这些保存的数据也不会消失。

128 GB　　　8 GB

我考你一个问题：Windows 操作系统可以安装在手机上使用吗？

应该不可以吧，因为CPU类型不一样。

对的，智能手机有专门的操作系统。目前手机的主流操作系统是由谷歌公司开发的Android（安卓）操作系统和苹果公司开发的iOS操作系统。

是不是跟Windows和macOS操作系统很类似，安卓操作系统是开放的，而iOS操作系统是封闭的，只能用于苹果公司产品？

是的，使用安卓操作系统的手机统称为安卓手机，包括华为、小米、三星等品牌手机，而苹果公司的iOS操作系统，最初应用于iPhone手机，后来陆续扩展到iPad 、iPod touch等苹果产品上。苹果公司要求所有对iOS操作系统的改动，包括软件安装、音乐下载等，都得通过苹果的应用商店App Store进行。

爸爸，手机上网是不是和电脑无线上网方式一样，都是利用Wi-Fi无线上网？

Wi-Fi信号覆盖范围小，通常不超过100米。在Wi-Fi信号无法覆盖的地方，手机可以采用移动数据上网，所接入的网络为移动互联网。移动互联网通常需要手机电话卡，也就是SIM卡才能联网，这是与Wi-Fi上网最不同的地方。

什么是移动互联网？

移动互联网就是指在移动状态下，不管是开车还是坐地铁、公交车，都可以随时、随地接入互联网。移动互联网将移动通信技术和互联网技术相结合，使手机用户可以在任何时候、任何地方，无障碍地实现上网自由。

那移动网络是如何实现大范围信号覆盖的呢？

移动互联网的核心设备是基站。基站和Wi-Fi路由器非常相似，都是用来发送和接收无线电波，只不过基站功率更大，无线电波覆盖范围更广。比如4G基站信号可覆盖半径几千米范围。如果注意观察的话，在公路边、小区内以及人流量大的地方都可以看见很多信号发射塔。

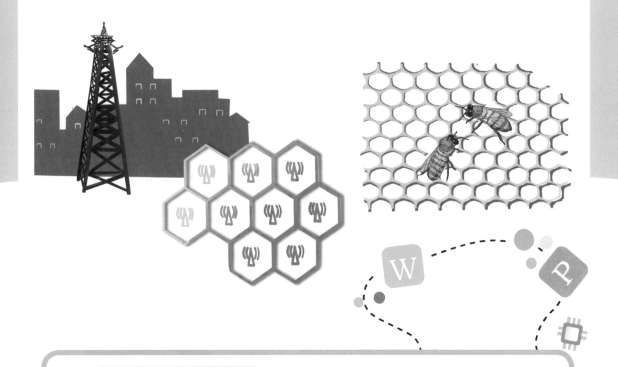

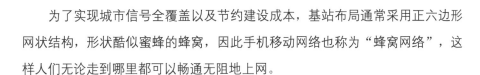

你知道吗？

为了实现城市信号全覆盖以及节约建设成本，基站布局通常采用正六边形网状结构，形状酷似蜜蜂的蜂窝，因此手机移动网络也称为"蜂窝网络"，这样人们无论走到哪里都可以畅通无阻地上网。

老爸，现在不是可以用5G信号上网了吗？5G网络和4G网络有什么区别？

与4G相比，5G网速更快，是4G网速的10倍以上。举个例子，用4G网络下载一部1 GB大小的电影大概需要2分钟，而用5G网络在10秒之内就可以完成。此外，5G网络可接入设备数量是4G网络的100倍，每平方千米可容纳上百万台设备接入，而4G网络最多可连接1万台设备。这样，5G技术就可以解决在人流密集区，比如地铁、车站、旅游景点，手机无法联网和网速慢的问题。目前5G网络才刚开始普及。

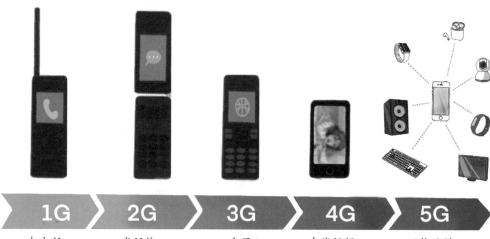

1G	2G	3G	4G	5G
打电话	发短信	上网	在线视频	万物互联

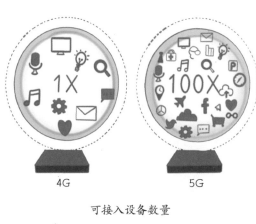

4G　　　　5G

可接入设备数量

老爸，什么时候可以全面覆盖5G网络呢？

刚才说了5G有很多优点，但它也存在弱点。5G基站信号覆盖范围比4G基站小很多，大概只有几百米。同样的信号覆盖面积，所需的5G基站数量是4G基站数量的四五倍，因此5G网络建设成本比4G高很多，导致5G网络建设时间相对较长。不过北京、上海、广州等一线城市已经实现5G网络全覆盖了。

那岂不是走到哪都是5G基站信号塔？

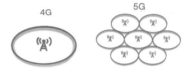

相比4G基站，5G基站体积小，重量轻。这样，5G基站可以利用现有资源快速部署，而不必重复建设大量的信号塔，比如5G基站可放在楼顶、路灯杆、监测杆、墙面等等。

怪不得，学校楼顶有个奇怪的方形东西，估计那就是5G基站了。

由于基站布设密度高，手机可以同时收到来自多个不同基站的信号。问你一个小问题，手机收到这么多基站信号，可以用来干什么？

我想想……

可用于手机定位呀！手机开机后，会自动搜索附近基站发出的无线信号，获得各个基站的信号传播时间，利用时间就可以推算出手机位置。

具体是怎么通过时间来推算手机位置的呢？

因为无线电波在空气中的传播速度是已知的，大概每秒30万千米，然后速度乘以信号传播时间就可以知道手机离基站的距离。以基站为圆心、距离为半径画圆，圆的交点就是手机当前的位置。

这种方法需要3个以上的基站才可以快速确定手机位置，但定位精度不高，一般在100～1000米范围，实际精度取决于定位基站数量，基站数量越多，定位精度就越高。

这么低的定位精度，能有什么用呀？

可别小看基站定位。手机一开机，基站就会记录下手机所在位置，这个功能对当前新冠肺炎疫情防控非常有帮助。我们熟知的行程卡就是利用这个功能，通过行程卡可查询手机用户14天内经过的地区，并以不同颜色来区分，提示是否到过或途经疫情中高风险地区。行程卡结合健康码是我们国家抗击新冠肺炎疫情的利器，有助于控制疫情扩散蔓延。

那能否利用基站定位进一步判断是否与感染者有过近距离接触呢？

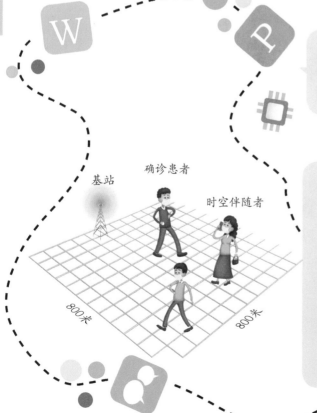

基站

确诊患者

时空伴随者

800米

800米

确实可以，目前出现了一个新的防疫名词"时空伴随者"。你的手机如果与确诊患者的手机在同一空间范围内共同停留超过一段时间，那你就会被确认为时空伴随者。这有助于防疫人员在最短时间内，尽可能找到所有潜在风险人群，做到防控精准化，降低防控隔离成本。

我们常用的百度地图和高德导航是不是也采用基站定位法？

地图导航只用基站定位法是远远不够的，还要引入卫星导航技术，不过原理大同小异。卫星导航就是把提供定位信号的"基站"，也就是卫星，搬到太空。由于卫星运行轨道可以精准确定，只要手机能够同时收到4颗以上卫星的信号，就可以实现准确定位，卫星定位精度可达10米以内。

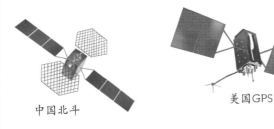

中国北斗

美国GPS

我知道，你说的是美国的GPS全球定位系统。

俄罗斯格洛纳斯

欧洲伽利略

除了美国GPS以外，全球卫星导航系统还包括中国的北斗、欧洲的伽利略和俄罗斯的格洛纳斯。中国的北斗卫星导航系统除了能够提供精确定位以外，还具备一项其他导航系统都不具备的功能：发短消息。这样，不但可以知道自己的位置，还可以让别人知道你的位置。

你知道吗？

在发生重大灾害和突发事件的时候，即使手机没有移动通信信号，也可以通过北斗卫星以短报文形式与外界取得联系，争取救援时间。

北斗卫星导航系统这么厉害，那是不是所有手机都可以使用卫星导航？

这个取决于手机内部是否搭载了卫星导航芯片。目前市场上的国产手机基本都能支持四大卫星导航系统，但苹果手机暂时不支持北斗卫星导航系统。

那我就先不考虑买苹果手机了。

如果能把前面提到的各种定位技术结合起来，就可以进一步提高定位精度，这样我们走到哪儿都不怕迷路了。

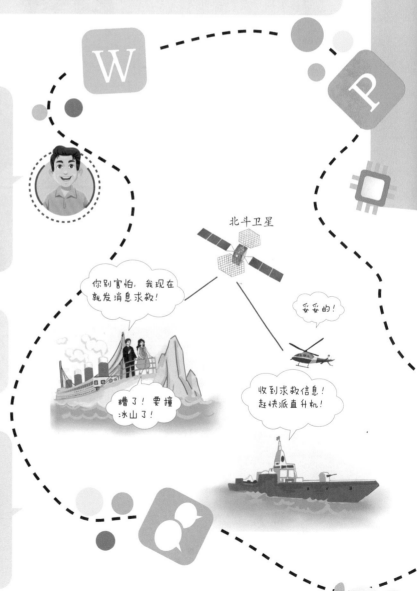

老爸，现在上海都已普及5G网络了，你怎么还用4G上网？

如果要使用5G网络，手机就必须换成5G手机，因为4G和5G的通信频道不一样，4G手机无法识别5G信号，这就跟人的耳朵无法听见蝙蝠的叫声一样。

那你也换一个5G手机呗。

我也想换，但5G手机太贵了，因为5G手机的研发成本和硬件成本都要高于4G手机。

贵不是理由，关键是你口袋里没钱。

爸，我还有个疑惑，为什么大家都优先选择用手机Wi-Fi上网，而不用4G或5G流量上网？

为了省钱嘛！手机Wi-Fi上网，其实用的是无线局域网，同电脑无线上网一样，通过无线路由器、光纤和整个互联网相连。光纤带宽高，可以满足大容量网络需求，所以光纤宽带上网不限流量，只收取少量宽带月租费。

哦，移动互联网需要建设大量基站，基站建设费用高，而且容量也有限。

是的，单个4G基站只能让1000个左右手机用户同时上网，这些手机用户还得共享移动网络带宽。如果不限制使用流量，那么一旦访问量突破基站最大容量，不管是4G还是5G网络都无法应付这种爆炸性访问量增长。网络堵塞严重的话，不但网速会变慢，还可能根本无法连接。所以手机移动网络采用按流量计费的方式，费用也相对更高，以限制移动网络的上网人数。

目前全球还有超过70%的地理空间没有覆盖互联网，这些地方往往是贫穷落后的地区或者是人烟稀少的沙漠、海洋和森林，不适合建造基站或者布设光纤。

那这些地方的人该怎么上网呢？

美国太空探索技术公司（SpaceX）的创始人马斯克提出了一个星链计划，打算在太空建造一个由4万多颗卫星组成的星链网络来提供全球互联网服务，这相当于将地面的基站搬到太空。到时候，无论是在浩瀚的大洋还是在南北极，都能顺畅地连接互联网。

你知道吗？

单颗星链卫星的信号覆盖范围为60万平方千米，是地面基站覆盖面积的100多万倍。4万多颗星链卫星可以确保全球互联网服务全覆盖无死角，真正实现网络无处不在。但科学家也担心，如此大量部署卫星可能会导致近地轨道"严重拥堵"。

这个计划什么时候能够实现？

预计要到2024年。除了星链计划以外，马斯克还在规划于2050年前实现人类火星移民。

马斯克的"野心"真大。

记得吗？周星驰电影中有一句台词：做人如果没有梦想，跟咸鱼有什么分别？

再问你一个问题。如果在户外，想用笔记本电脑上网，该怎么办？

有网络接口或Wi-Fi信号吗？

当然没有，但有4G信号。

那肯定上不了，笔记本电脑没有基带芯片和SIM卡，无法识别4G信号。

那可不见得。手机有一个热点功能，它可以将收到的4G信号转化成Wi-Fi信号发送出去，笔记本电脑可以通过手机Wi-Fi信号接入移动互联网。

那手机是不是相当于一个无线路由器了？

是的，但要消耗手机的流量费，天下没有免费的午餐。

那还是算了，省点钱吧。

手机除了电话、短信、移动上网等长距离通信方式以外，还有蓝牙、红外线和NFC等短距离数据传输方式。

我知道红外线，电视机遥控器就是通过它来控制电视开关和换台的。

是的，红外线是我们肉眼看不见的光。它的优点是不会影响周边环境，也不会干扰其他电器设备工作，缺点是它只能点对点，以直线方式传播，中间不能有障碍物遮挡。

那带红外线的手机是不是可以代替电视遥控器了呢？

是的，可以边玩手机边换台。

那蓝牙是什么东西？跟牙齿有关吗？为什么不叫白牙或黑牙？

"蓝牙"源自一千多年前的一位丹麦国王，他的名字叫哈拉尔德·布朗德（Harald Blåtand），丹麦语中的Blåtand翻译成英语就是Bluetooth（蓝牙）。据说这位国王酷爱吃蓝莓，结果牙龈都被染成蓝色了，人们戏称他为"蓝牙国王"。后来，这位蓝牙国王凭借武力统一了包括丹麦、挪威和瑞典在内的几个北欧国家。

20世纪90年代，瑞典爱立信公司为了统一当时各种不同的短距无线通信协议，开发了一套新的通信标准，并将其命名为蓝牙技术。蓝牙技术的目的是取消设备与设备之间的有线连接，取而代之以无线连接。我们常见的蓝牙标志就是蓝牙国王名字首字母HB的古代北欧文合写。

我爱吃蓝莓，我是蓝牙国王。

是不是因为有线连接太麻烦，容易发生缠绕、折断等现象，携带也不方便，所以为了摆脱有线束缚而采用无线连接，比如有线耳机换成了无线蓝牙耳机？

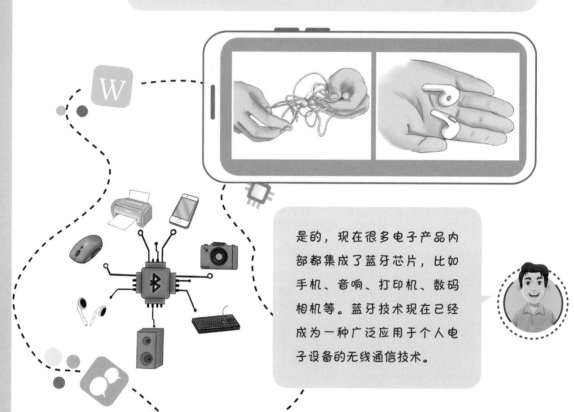

是的，现在很多电子产品内部都集成了蓝牙芯片，比如手机、音响、打印机、数码相机等。蓝牙技术现在已经成为一种广泛应用于个人电子设备的无线通信技术。

不同于Wi-Fi技术，蓝牙设备之间可以直接通信，不需要经过路由器转发，就如同对讲机和手机的区别。蓝牙通信距离一般在10米左右。

你知道吗？

　　蓝牙技术也可以用来构建一个小型短距离无线局域网，但组网的蓝牙设备最多不超过8台，这种小型网络也称为微微网或者个人局域网。蓝牙和Wi-Fi的主要区别是，Wi-Fi使有线网络无线化，而蓝牙使有线连接无线化。

爸爸，NFC是什么意思？

NFC是近场通信（Near Field Communication）的英文缩写。

什么是近场通信？

顾名思义，近场通信就是两台设备必须靠得很近才能进行信息交流，通信距离一般在10厘米以内。

既然有了蓝牙技术，为什么还要开发NFC，而且这么近的通信距离，管什么用呢？

可别小瞧NFC技术，它具有很高的通信安全性，经常用于公交车或地铁刷卡进站、门禁、身份识别、线下支付等保密性要求较高的场所。通信距离近是为了防止数据泄露，确保数据传输的保密性和安全性。

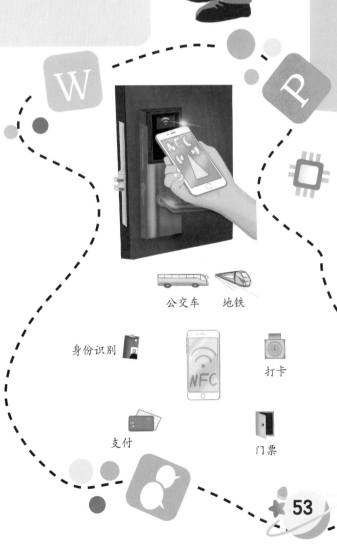

公交车　地铁

身份识别

打卡

NFC

支付

门票

我知道了，就像翘翘、童童、呵呵这些女生贴着耳朵说悄悄话一样，开启NFC沟通模式，故意不让我听见。

瞧你这点出息，别人的秘密有什么好听的。除了无线通信以外，利用NFC还可以对其他小型电子设备如蓝牙耳机、智能手表、手环进行无线充电。

手机本身是不是也可以通过NFC进行无线充电呢？

目前NFC充电功率较小，还无法满足手机对充电的要求。手机无线充电需要专门的无线充电模块，配合无线充电板就可以对手机进行无线充电了。

那这样，手机常用的充电线和耳机线都不用带了。

是的，将来手机可能会彻底无线化，机身没有任何设备接口，全部采用无线连接方式。

那无线电波对人体有害吗？

这确实是一个问题，科技发展总是具有两面性，在享受科技进步带来的便利的同时，也不可避免会付出一些代价。

爸爸，你过来看一下，这台手机的屏幕怎么都折成两半了？

这是折叠手机，屏幕可以随意弯曲。现在很多人觉得手机屏幕太小，玩游戏、看视频和上网都不过瘾，希望手机屏幕能大一点，但是大屏幕手机携带又不方便。针对这部分需求，折叠手机就问世了。你看，这种手机打开就相当于一台小型平板电脑（mini pad），折叠起来跟普通手机一样大，非常容易携带。在某种意义上，折叠手机是把平板电脑和手机合二为一了。

这款手机真好，既能当pad用，又能当手机用。

你怎么不看看它的价格相当于两台手机，还有点重，拿的时间一长，手都酸了。你看了半天，手机选好了没有？

选好了，就这款吧。

好，那现在应该去书店买书了。

啊，还要去书店呀。

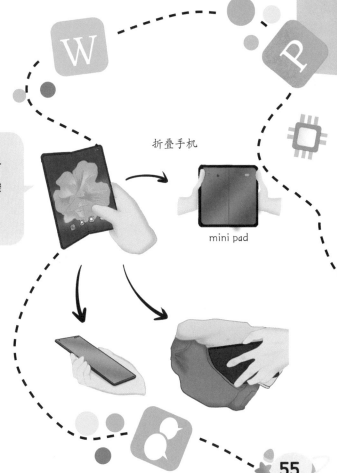

折叠手机

mini pad

第三章

虚拟世界的云计算

爸爸，老师说，各科的复习资料都上传到百度云了，让我们自行下载。

那你自己去登录百度云。

百度云是什么网站？

百度云是百度的公有云平台，它提供图片、文件和视频的存储服务，任何人都可以使用百度云上传和下载资料。

为什么叫云？跟天空中的云有什么关系？

云只不过是一个形象的称呼，背后是云计算技术。云计算是把所有计算资源整合起来形成一个巨大的资源池，犹如天空中的云朵是由许许多多细小的水滴汇聚而成的一样。最先提出云计算概念的是开发安卓操作系统的谷歌公司。

为什么要研发云计算技术？

在回答这个问题之前，我先问你一个问题：你的电脑目前处于什么状态？

电脑已经关机了。

那就是说，电脑里所有的计算资源，比如CPU、内存、硬盘，都处于闲置状态，从某种意义上讲，这是计算资源的浪费。全世界现有超过60亿台电脑，这么多台电脑并不是时时刻刻都处于运行之中，这样就造成了巨大的资源浪费。

可是我的电脑，别人也用不了。

是的。但如果能把世界上所有的计算资源都集中起来，按照个人需要进行再分配，就可以避免资源浪费，这就是提出云计算概念的初衷。

计算资源怎么集中呢？不会把我的电脑收走吧，我好不容易有台自己的电脑。

这里的计算资源集中是指通过高速互联网将各地的大型电脑、服务器集中统一管理，形成一个超级服务器，也称云服务器。

云服务器就是一个大型计算资源共享池，可以向不同用户提供包括计算、存储、应用在内的各种服务。云计算被认为是继个人电脑、互联网之后的又一次信息技术革命。

计算资源共享是不是类似常见的共享单车？需要的时候，扫码付费骑行，不需要的时候，空出来方便其他人使用，以提高单车的利用效率。

对，这就是当下最热门的词语：共享经济。共享的本质是提高资源利用效率，满足更多人、更多样的需求，做到物尽其用，减少浪费。在某种意义上，云计算也属于共享经济的一部分。

那云计算的使用也需要付费吗？

是的。在云计算中，计算能力被认为是一种可以在互联网上流通的商品，就像日常生活中的水、电、燃气一样，按需付费使用。

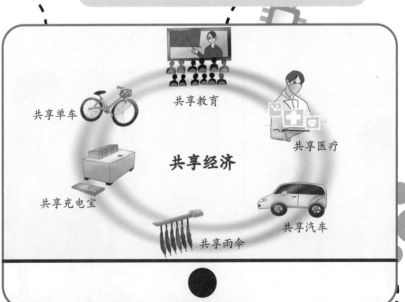

共享单车　共享教育　共享医疗

共享充电宝　**共享经济**　共享雨伞　共享汽车

那计算能力如何实现按需分配使用呢？

这涉及云计算一个非常重要的核心技术：虚拟化技术。虚拟化技术就是通过软件来模拟系统硬件功能，将一台计算机虚拟化成多个计算机，每个虚拟计算机都分配有虚拟的CPU、内存、硬盘等计算资源。

虚拟机可以安装不同的操作系统和应用程序，彼此相互独立运行，互不影响。从功能上看，虚拟计算机和真实计算机没任何区别，只不过一个是实体机，另一个是看不见、摸不着，但可操作的虚拟机。

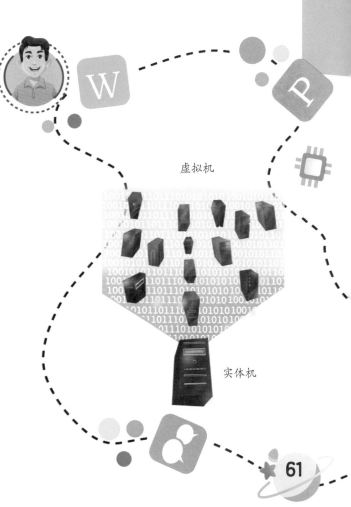

虚拟机

实体机

你想一下，我们在日常生活中有没有接触过虚拟物品？

虚拟物品，那种看不见摸不着的东西？我肯定没碰过。

好，那以后不要用我的支付宝买冰激凌了。

别呀！我知道了，支付宝中的钱就相当于纸质人民币的一种虚拟形式。

除此之外，手机App里的各种门禁卡、交通卡都是虚拟卡，功能和真实卡片一样。

哦，我现在对虚拟化的东西有点了解了。

计算机虚拟化技术可以借用中国古代老子的道家思想来解释。一生二，二生三，三生万物，万物皆虚，而实为一，虚实相生。道家强调虚变实，而云计算则是实变虚。

明白了，是不是跟孙悟空一样，拔一把毫毛就可以变化出千百个孙悟空，但这些假孙悟空的本领跟真孙悟空的一样，外界难以区分。

给俺老孙变！

这个比喻很形象，在云计算中，眼见不一定为实。有了虚拟化技术，大家就没有必要购买属于自己的CPU、内存、硬盘等电脑硬件了。只要登录云服务器，云计算服务商（比如百度、阿里巴巴）就会提供这些虚拟硬件资源，我们只需要在这些虚拟硬件上搭建操作系统就行了。

操作系统以及应用程序会把虚拟机当作实体机，操作虚拟机的感觉跟操作真实电脑设什么区别，只不过虚拟机存在于云服务器当中。

电脑的各种系统、应用程序和文档材料在虚拟机里也是一模一样的？

是的，完全一样。这样我们就不需要随身携带自己的电脑，只要能远程登录云服务器，便可以操作自己的虚拟电脑。

而且云服务器中的计算资源可随需求变化进行动态调配，假如暂时不需要使用电脑，或电脑处于待机状态，虚拟电脑中的计算资源，比如CPU和内存，就会自动分配给其他用户使用，以提高资源利用效率。

老爸，那我手头这台电脑就没什么用了，直接使用虚拟电脑就可以了，既省事又方便。

没错，你看，我们日常使用的水、电、燃气，都是由水厂、电厂和燃气公司统一供应，每家每户并不需要亲自动手挖水井、买发电机和燃气罐，每月只需按使用量付费就行。在云计算时代，也同样不需要购买和拥有自己的电脑，所需计算服务统一由云计算提供。未来云计算将会像水、电、燃气一样成为一种新的公共基础设施，为大众提供计算服务。

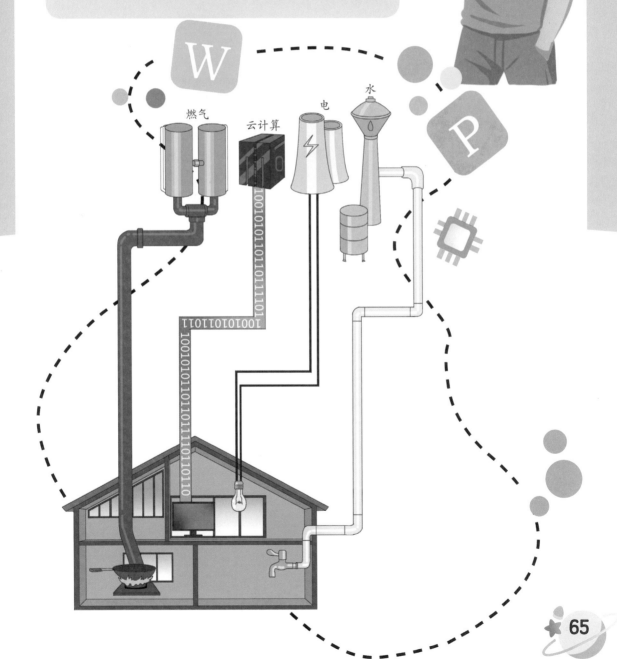

燃气 云计算 电 水

那为什么现在还没普及虚拟计算机呢？

这需要一个过程。云计算的推广依赖于互联网的发展，因为所有计算资源都要通过网络来获取，如果互联网不发达，就无法普及云计算。这也是我们国家大力推动和发展5G技术来搭建新一代信息高速公路的原因。

信息高速公路和我们车辆行驶的高速公路很类似，只不过信息高速公路是让信息快速流通，让网络用户可以随时随地、毫无障碍地获取网络资源。

哦，我知道了，如果大家都使用虚拟计算机，那目前的互联网是无法承载的，很容易出现堵车现象。就像每年"双十一"的时候，各大网上商城经常出现网络无法连接、响应很慢的情况一样。

除了5G以外，世界上很多国家现在都已经开始研发下一代6G技术，6G网速将比5G快100倍，达到每秒1 Tb数据传输速率。到那时，云计算才能真正面向普通用户推广和普及。

估计若干年后，个人电脑就会像收音机一样从我们的日常生活中慢慢消失。

那以后上网，是不是只要带一个能联网的显示器就可以了？

是的，你看到的电脑或手机桌面都是虚拟桌面。

哇，这样的上网设备会比现在的电脑和手机轻便很多。

VR（虚拟现实）显示

在云计算时代，各种五花八门的显示技术会蓬勃发展，除了常规平面显示以外，柔性显示、3D显示、VR显示、AR显示都会让你眼花缭乱，真假难分。

和科幻电影里的场景一样。

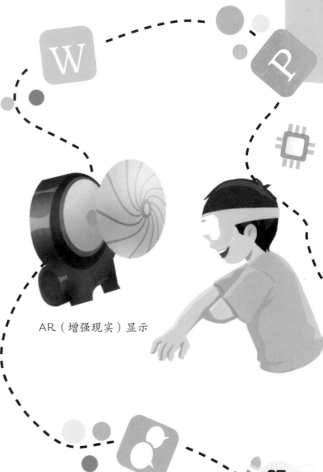
AR（增强现实）显示

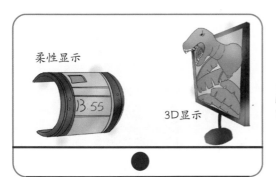
柔性显示

3D显示

你听说了吗？2021年10月，Facebook公司创始人扎克伯格宣布将公司名称改为"Meta"，意思是"元宇宙"。

什么是"元宇宙"？

"元宇宙"的概念来源于30年前美国科幻作家尼尔·斯蒂芬森的小说《雪崩》，特指由计算机产生的3D虚拟世界。小说主人公是一名黑客高手兼比萨快递员，现实中租住在一间狭小库房，但他化身于"元宇宙"时，便可享受虚拟豪宅。

虽然我们无法改变这个世界，但可以创造一个新的世界：虚拟世界。"元宇宙"就是一个与现实世界平行的虚拟世界，在"元宇宙"空间，人人都拥有自己的"虚拟分身"，可以从事学习、工作、社交、娱乐、购物等各种活动，并获得接近真实的体验感。

只要戴上VR眼镜，我们足不出户就能游览万里之外的博物馆，触摸和感受来自世界各地的文物古迹。下一刻，我们还能切换到一场互动电影，不仅成为影片观众，还可以是参与者，甚至能感受到火车经过身边时所带来的强烈震动。

你知道吗？

2021年也被称为"元宇宙"元年，人类从此迈入虚实共生的新时代。现实世界中无法企及的某些幻想，在"元宇宙"中都可能得以实现。

那"虚拟分身"与我们真实的人有区别吗？

电影《黑客帝国》中有句经典台词：人的感知无非是感官对外界反应所产生的电子信号而已。如果这些电子信号能被记录并赋予"虚拟分身"，那么"元宇宙"中的"虚拟人"就可以具有与本人相同的生活习惯、性格和爱好。

人的生命只有一次，但"元宇宙"中的"虚拟分身"却可以体验不同的人生，甚至可以永生，让"生命"一直延续下去。在"元宇宙"中，我们甚至可以和已去世的亲人朋友面对面交流，仿佛他们从未离开，从某种意义上讲，"人"便摆脱了生老病死的生理循环。

有时间，我要好好看看《黑客帝国》。

虽然"元宇宙"中的虚拟世界离我们还有些遥远，但它背后的云计算技术却已经在现实生活中发挥着不可估量的作用。由于云计算集中了海量的计算资源，它的计算能力是超强的，可以从事各种复杂运算，包括气象预报、灾害预警、工业仿真、航天器设计、基因测序、药物研发等等，有力推动着社会进步和发展。

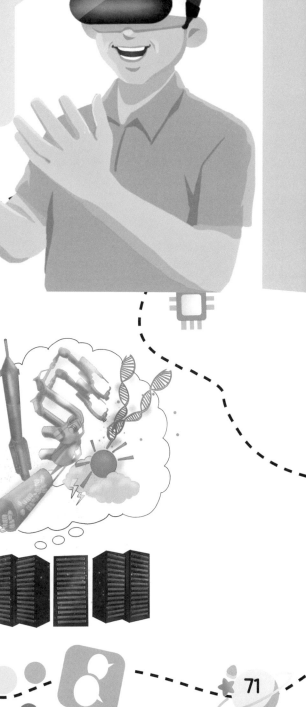

爸，如果所有资源都集中在云服务器里，万一云服务器崩溃了，或者着火了，那该怎么办？数据和资料不就全部丢失了吗？

可以呀，会主动思考问题了。没错，这和所有鸡蛋都放在一个篮子里是同样道理。不过云服务器里的数据都会自动备份保存以降低风险。一般而言，人们还会在世界各地建立多个数据中心以确保数据不会丢失。

那如果有黑客故意攻击云服务器呢?

这不用担心,云服务器的安全防护等级是最高的,一般黑客攻击不了,俗话说"魔高一尺,道高一丈"嘛。

如果是敌对国家实施大规模的网络黑客攻击呢?

嗯,这就是个大问题了。在今年俄罗斯与乌克兰的冲突中,两国的政府部门、大型企业以及电力、能源、通信等关键基础设施都受到了对方的大规模网络攻击,甚至一度发生网络服务中断、无法连接互联网的情况。

那我还是赶快把百度云里的复习资料拷贝到我的U盘里。

你也太大惊小怪了。你们老师只使用了百度的云存储功能,是云计算的一小部分。

老爸，既然虚拟化技术可以通过软件来模拟各种硬件系统，那能不能在我的电脑上也做做虚拟化？这样电脑就可以同时运行多个不同的操作系统了。

可以呀。不过由于个人电脑运算能力有限，采用虚拟化技术安装多个操作系统后，电脑运行速度会明显降低。所以一般虚拟机都是安装在运算能力强大的服务器上。

我就想在我的电脑上试试，看看能否成功安装苹果的macOS系统，之前你说苹果的操作系统是不能安装在非苹果电脑上的。

我就知道你又要出鬼主意了。很简单，首先下载一款虚拟机软件VMware，然后再选择安装苹果的操作系统。

知道了，我去试一下，这样我的电脑就能同时运行Windows和macOS操作系统了，真是太好玩了。

第四章

不知疲倦的人工智能

老爸，听说上海地铁18号线开通了无人驾驶，我们去看看吧。

作业做完了，才能去。

哎，整天一开口就是作业。

那不然呢？

作业终于做完了，我们可以走喽！

你查一下最近的18号线地铁站。

我早就查好了。

原来你小子早有预谋……

老爸，你看，地铁18号线果然没有司机。第一次可以从车头位置看到整个隧道全景，觉得自己就是一名列车司机，真是太刺激了！你说这无人驾驶列车是怎么操作的，它不会撞车吧？我的玩具小火车也是无人驾驶的，时不时还会翻车脱轨呢。

你真是杞人忧天，无人驾驶列车不仅有"最强大脑"，还有"千里眼"和"顺风耳"，而你的玩具小火车就像是一个又聋又瞎、反应迟钝的小傻瓜。

那无人驾驶列车是怎么做到不需要人驾驶，还能确保列车安全行驶的呢？

那我反过来问你：在有人驾驶模式下，列车司机的作用是什么？

列车司机要通过观察车厢内外情况来控制列车行驶，如果发现危险情况，就紧急停车。

无人驾驶列车也有一个"司机"，不过这个"司机"是具有AI（人工智能）的全自动驾驶系统。它不但具有人类司机的判断能力，而且反应更快，效率更高，更重要的是永远不知疲倦。

我感觉无人驾驶列车比有人驾驶列车更加平稳舒适。

那是因为列车司机的驾驶水平和驾驶习惯各不相同，有人驾驶列车的运行状态主要靠司机的个人经验，而全自动驾驶系统可以完全避免人为操作带来的差异性，所以你会觉得更加平稳和舒适。

现在的无人驾驶列车已具备自动进出站、自动开关门、自主唤醒和休眠等功能，还可以主动诊断故障，定期给自己"洗澡"。

爸爸，我发现无人驾驶列车上有很多摄像头，好像比有人驾驶列车的摄像头要多。

这些摄像头相当于列车"司机"的眼睛，实时监控各种意外出现的障碍物和人员。

除了摄像头外，列车、站台还有路轨都安装有各类探测器，在线监测列车运行情况，并实时采集各类数据传送给后台控制中心，以便控制中心人员更好地了解车辆状态。

当然，这些设备都有备份，当一台设备发生故障时，可快速切换到备用设备，确保列车运行不受影响。

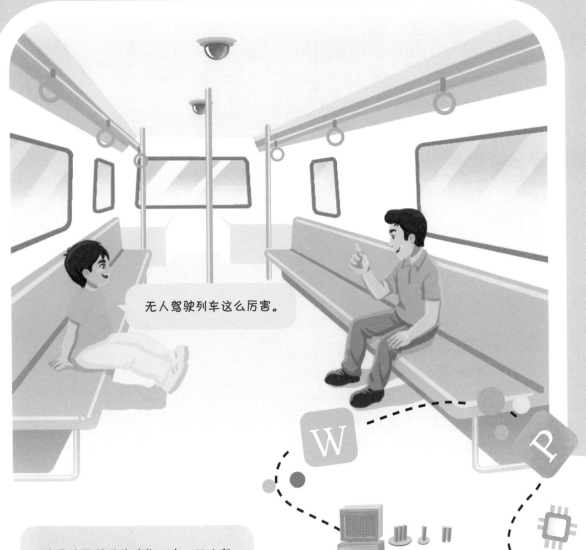

无人驾驶列车这么厉害。

除了前面所说的功能以外，无人驾驶系统的工作效率也很高。一般情况下，人操作设备的时间以秒来计算，而无人驾驶系统以毫秒来计算，时间上的大幅缩短会带来工作效率的提升，比如在人流高峰期，可以大幅缩短无人驾驶列车的发车间隔时间，增加运行班次。

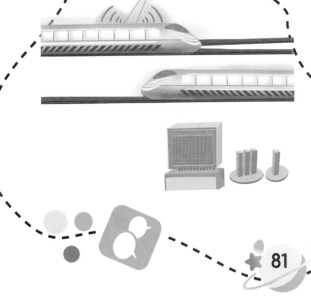

你还记得吗？2020年，我们国家向火星发射了首个火星探测器"天问一号"，在整个"奔火"过程中，"天问一号"的着陆过程最为惊险。

我知道，新闻上说"天问一号"的着陆过程是全自主、无人干预的。

"天问一号"的着陆时间大概是9分钟，而火星到地球的最远距离超过了4亿千米，两者之间的通信时间光单程就需要大约20分钟。

20分钟

换句话说，我们在地球这边对着话筒喊一声，要过大约20分钟，"天问一号"才能听见。因此，整个着陆过程只能依靠着陆器自主判断和执行，地球上的控制人员根本来不及做任何处置。

9分钟

爸爸，我发现现在无人化的东西越来越多，比如无人机、无人车、无人超市、无人工厂等。

这一方面是因为近年来劳动力成本增加；另一方面是因为科技的快速进步，推动了人工智能的大规模应用和普及。

将来很多岗位或许都会被人工智能所替代，比如一些技术含量较低的以及危险程度较高的工作岗位。

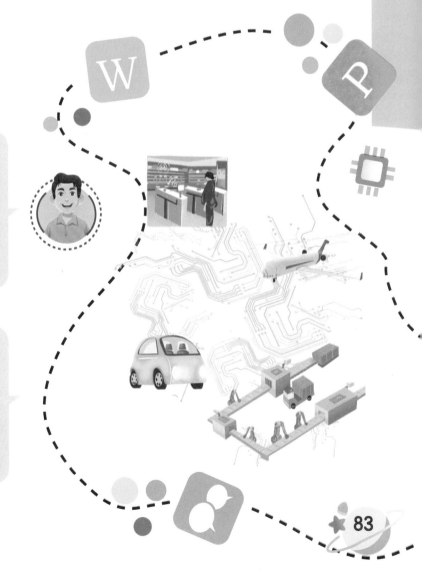

这样的话，未来可能有很多人要失业了。

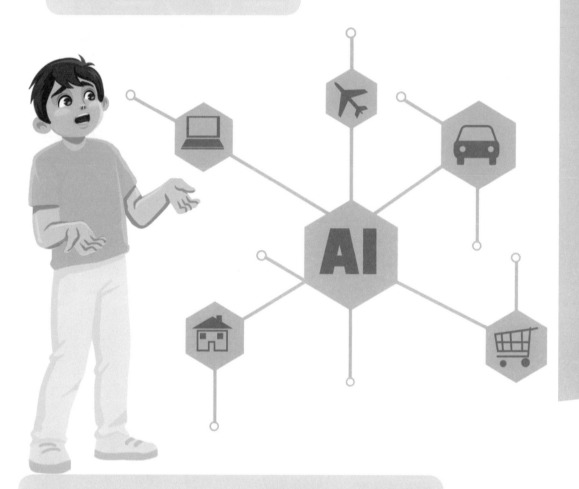

在人工智能时代，工作岗位对人的综合能力要求提高了。第一，要有快速学习能力。在人工智能时代，各种新事物、新知识不断涌现，我们要能够快速适应变化的环境，学习新知识，并能上手运用，这是最重要的核心能力。第二，要有探索和创新能力。这是人工智能目前暂不具备的，也是人类的优势。所以，未来社会将需要更多科学、艺术和人文领域的工作者。

总之，人工智能在取代一部分工作岗位的同时，也在创造大量新的岗位。

还有，不光人可能要失业，就连一些动物或许也要下岗了。

美国波士顿动力公司就开发了一款具有人工智能的机器狗，它可以从容地绕过障碍物、爬楼梯、开门，甚至还可以在一群陌生人中准确地找到自己的主人。

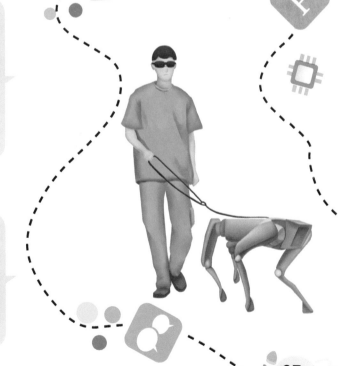

对于盲人而言，机器狗完全可以取代传统的导盲犬，而且更具有优势，毕竟机器狗不需要吃饭、睡觉，还可以全天候工作。

哇，机器狗是怎么识别出主人的呢？

这要归功于人脸识别技术。机器狗的"眼睛"是具有高分辨率的摄像头，它将拍摄到的人脸信息传递给机器狗的"大脑"，由"大脑"芯片负责提取每张脸所蕴含的面部特征，并与已知的人脸比对，从而找出主人是谁。

目前，人脸识别技术已深入我们的日常生活，从机场、火车站的安检闸机，到各种"刷脸"机器。如今，人脸识别技术的准确率已远超我们人眼识别的准确率。在人员密集的复杂场景下，人脸识别技术更具有明显优势。

客运站人脸实名验证

酒店自助实名登记

住宅小区人脸识别

景区人脸识别

每天拍摄这么多照片，那数据量岂不是非常庞大？

是的，随着云计算、人工智能时代的来临，我们每天都会产生海量的数据，比如视频数据、网站数据、气象数据、交通数据等。

据统计，全世界每天产生约250万TB的数据，可以说我们现在是生活在一个大数据的时代。

这么多数据，云计算能处理完吗？

显然无法全部处理。此外，数据之间还存在错综复杂的关系，进一步增加了数据处理难度。目前的数据利用率还不到1%，大量数据被闲置，未被有效利用。

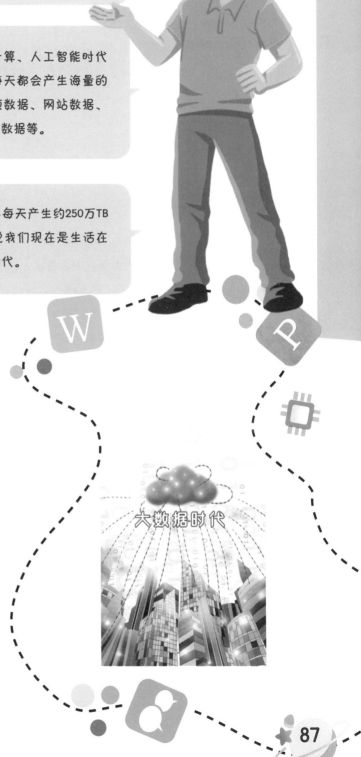

大数据时代

那也太浪费了，有没有办法提高数据的利用效率呢？

这要通过数据挖掘技术，它可以快速地从大量数据中揭示隐藏的、有潜在价值的信息，这与矿工挖矿找金子类似。

数据挖掘的意义在于分析过去和预测未来。唐太宗李世民曾说过："以古为镜，可以知兴替；以人为镜，可以明得失。"在古代，人们只能从日常观测、历史经验中吸取教训，而随着大数据技术的发展，我们甚至可以直接从数据中总结经验，预测未来。

你知道吗？

2009年，谷歌公司曾利用大数据技术成功预测了甲型H1N1流感在美国范围内的传播，甚至比官方数据的发布时间提前了两周。

在这次新冠肺炎疫情防控当中，大数据也起到了功不可没的作用。

爸爸，你说的是我们平时用到的健康码和行程卡吧？

是的，我们国家手机用户规模大、覆盖范围广，通过对手机定位，并结合交通大数据，就可产生健康码和行程卡。疾控人员由此可快速梳理出感染者的生活轨迹和人群接触史，排查重点人群，从而有效控制疫情。

89

大数据这么厉害，那么人工智能的发展是不是也要依赖大数据呢？

是的，大数据是人工智能的基石，就像我们人类的智慧是通过知识不断累积而成一样，越有智慧的人往往是知识越丰富的人。

目前，人工智能发展所取得的成就大部分都和大数据密切相关。可以说，数据驱动人工智能向前发展。比如京东、美团等知名电子商务平台，它们从早期的人工派单发展到如今的人工智能物流调度系统，其背后就是常年累积的大量订单和外卖数据。

爸爸，人工智能不就是人为编写的一段计算机程序吗？如果人工智能遇到没见过的问题，那它该如何执行呢？

人工智能不仅仅是计算机程序，它还跟我们人类一样具有自我学习能力，我们称之为机器学习。机器学习主要是通过模拟人类的学习方式来获取新的知识和技能，从而具有智能的特征。

原来连机器都要学习啊。

给你讲个人机围棋大战的故事。

长期以来，科学家就一直试图让人工智能与人类棋手一较高下。此前在跳棋、国际象棋等游戏上，人工智能都已打败人类。但在围棋领域，人工智能却一直无法获胜，主要原因是围棋要比其他棋类更为复杂。直到2015年，谷歌公司开发了一款人工智能机器人"阿尔法狗"（AlphaGo），这才最后战胜了韩国围棋世界冠军李世石和中国围棋世界冠军、前世界排名第一的柯洁。

"阿尔法狗"到底是如何战胜人类的？

不同于其他机器人，"阿尔法狗"拥有一个非常厉害的本领，那就是自我学习。它会不断汲取人类下棋的经验，优化算法。普通人一年之内只能下大概1000盘棋，但"阿尔法狗"一天之内就可以不知疲倦地连续下几百万盘棋，短短几个月时间，它就可以学会十几万份棋谱。

"阿尔法狗"就这样通过不断自我博弈来提高棋艺，这有点像金庸小说《射雕英雄传》里的老顽童周伯通，他由于被困桃花岛，每天无所事事，只好让左手和右手相互比试，没想到，练成了双手互搏的功夫，功力倍增，最终武功成了天下第一。

哈哈，黄老邪，你打得过两个老顽童吗？

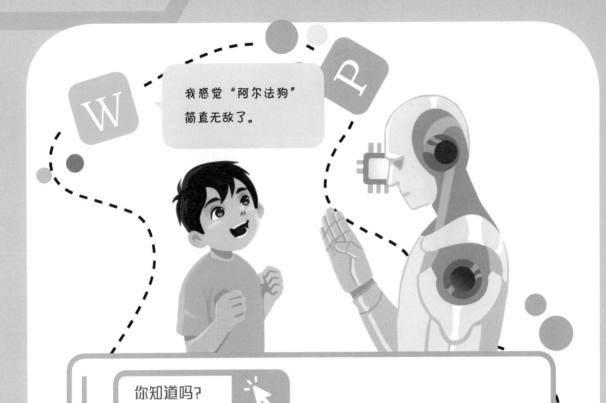

我感觉"阿尔法狗"简直无敌了。

你知道吗?

美国科学家冯·诺伊曼第一个完整地提出:计算机应由运算器、控制器、存储器、输入设备和输出设备五大部分组成,其内部数据采用二进制而不是十进制计算,且计算机应按照事先编写好的程序顺序执行。这被称为冯·诺伊曼体系结构,它奠定了现代计算机的结构理论基础。因此,冯·诺伊曼又被称为"现代计算机之父"。

但它也有个致命弱点,就是耗电量太大。"阿尔法狗"共配备了1000多个CPU,总功率约为1兆瓦。相比之下,包含超过1000亿个神经元的人类大脑,功率消耗不到20瓦,只有"阿尔法狗"的五万分之一。

这是因为目前计算机采用的是冯·诺伊曼体系结构,运算器和存储器相互分开,这就导致在运算过程中数据不停地在两者之间来回传递,势必要消耗大量的能量。

那应该开发一种与人脑相似的芯片，这样运算速度又快，耗电量又少。

目前人工智能的一个重要发展方向就是类脑智能技术。

在大脑中，信息处理和存储由遍布整个大脑皮层的神经网络来完成，数据运算和数据存储高度一体化，每个神经元像一个小小的独立CPU，而大脑就是由许许多多这样的CPU组成的，因此具有高效的并行处理能力。

类脑技术就是通过模仿大脑神经系统的工作原理来设计全新的存算一体化芯片架构。可以说，类脑智能是人工智能发展的终极目标。

你知道吗？

　　2019年，Intel公司展示了可模拟800多万个神经元的Pohoiki Beach类脑芯片系统，它相当于小型啮齿类动物的大脑，在某些应用场合中，该系统的运算速度比传统CPU快1000倍，能耗却只有其万分之一。目前Intel公司正考虑将其类脑芯片扩展至可模拟超1亿个神经元，这样基本达到小型哺乳动物大脑神经元的数量。

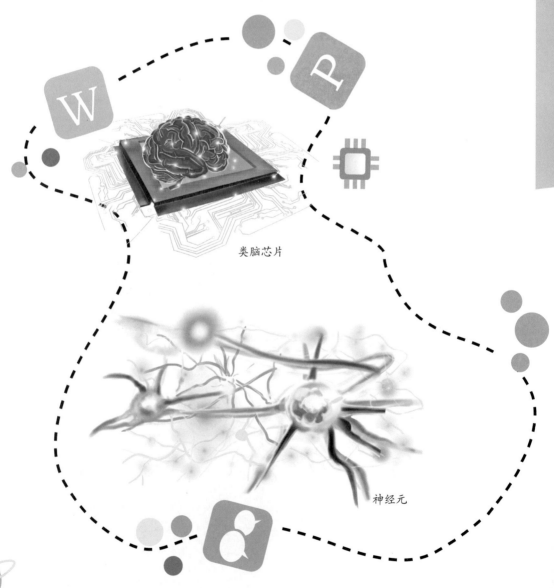

类脑芯片

神经元

爸爸，我记得书上说大脑神经元是通过电信号相互传递信息，那我们能不能将神经元的电信号提取出来并保存在芯片上，就像用U盘拷贝数据那样？

这样，记忆就可以实现永久保存，保存记忆的芯片也可以植入另一个人的大脑，实现记忆转移。如果可以实现的话，我就不用费劲去背课文和单词了，直接把老师大脑里的知识复制到我的大脑就行了。

你整天就想着如何偷懒！不过原理上是可行的，科学家们正在研究人脑如何与机器相结合，也称脑机接口技术。

当我们心里有个意念或者想要做某件事的时候，大脑会产生相应的脑电波，而脑机接口技术就是通过提取这些脑电波来控制外部设备的。

研究脑机接口技术的出发点是帮助那些行动不便的患者，使他们可以利用意念去操作各类电子设备，比如让瘫痪在床的病人通过脑机接口对机械手臂进行操控，完成喝水、吃饭、打字交流等日常活动。

之前提到的SpaceX公司的马斯克还创办了一家专注于脑机接口的神经链接公司（Neuralink），该公司已成功让一只猴子通过脑电波操控简单的电子游戏。

未来脑机接口技术的发展会改变人与人之间的交流方式，仅靠意念而不必通过语言，就能互相传递信息，让相隔千里的人实现"心灵感应"式交流，这就是所谓"脑联网"。

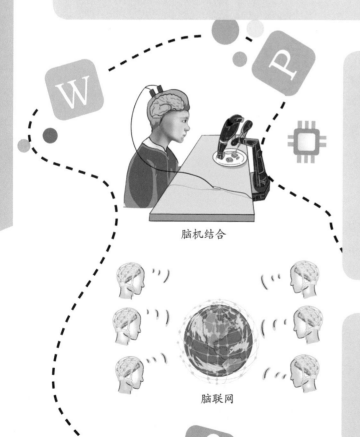

脑机结合

脑联网

在不远的将来，或许还会诞生半机器人。有部著名的科幻电影《机械战警》，讲的是一个有着人类大脑和机械身体的机械警察的故事。你说的记忆保存和转移，估计只有当脑机结合发展到最高水平的时候才有可能实现。

如果能进一步把人的记忆上传到"元宇宙"，即使人已经去世，也能以另外一种形式"活着"。

我在想，随着科技不断发展和进步，人工智能会不会有一天超越人类智能，最后统治地球，类似《终结者》里出现的场景？

这个问题，我很难回答。不过早在80年前，美国著名科幻作家阿西莫夫就提出了"机器人学三原则"。

第一，机器人不得伤害人类，或坐视人类受到伤害；第二，除非违背第一原则，机器人必须遵从人类的命令；第三，在不违背第一及第二原则的情况下，机器人必须保护自己。

总之，人工智能是为人类服务的，而不是取代人类。

说了这么多，知道现在该干什么了吧？

我还是老老实实去看书学习，否则以后真的只能给机器人打工了。

第五章

万物互联的物联网

爸爸，我的华为手机突然冒出一条新消息，说手机安卓操作系统要更新为鸿蒙操作系统。什么是鸿蒙操作系统呀？

鸿蒙操作系统是华为新开发的一款操作系统，英文名为HarmonyOS。

之前你说手机操作系统主要分为苹果的iOS操作系统和谷歌的安卓操作系统。那为什么华为还要再开发一款新的操作系统呢？安卓操作系统用起来不"香"吗？

你知道吗？支撑现代信息社会的两大支柱——芯片和操作系统，基本都被西方国家所掌控。

我知道手机和电脑的CPU以及相应的操作系统都来自国外。

事实上，我们国家90%以上的高端芯片都严重依赖进口，进口金额远超石油，已成为我国第一大进口商品。此外，在操作系统方面，仅微软、苹果和谷歌三家公司就占据了国内95%以上的市场份额。

这也太恐怖了。

有没有想过，万一哪一天，西方国家不再向我们提供芯片和操作系统，那该怎么办？

没有了芯片和操作系统，再好的应用软件也是无本之木。这就好比在沙子上建楼房，根基不稳，早晚会倒塌。所以一定要未雨绸缪。

那我们必须拥有自己的芯片和操作系统！

对，华为就是一家危机感十分强的企业，在十几年前就开始布局"备胎"计划。

爸爸，什么是"备胎"计划？

"备胎"计划就是华为为了防止被西方国家"卡脖子"，而独立研发手机、服务器、路由器以及人工智能领域的各类芯片和操作系统。

这就像汽车的备用轮胎，平常并不使用，一旦行驶中的轮胎坏了，就可立刻将备用轮胎换上，让车辆继续行驶。

你知道华为名字的由来吗？

这我就不知道了。

"华为"这个名字是其创始人任正非起的，取自宣传标语"心系中华，有所作为"。

我想起来了，我们班也有一个标语：用勤勉坚韧，换春华秋实。

所以不管是企业还是个人，一定要有抱负，要有"心有所想，必有所成"的信念。

华为就是在任正非的带领下打败了国外许多老牌竞争对手，在短短不到30年的时间里，从一家寂寂无闻的小企业成长为世界500强。目前，华为的5G通信技术在世界上遥遥领先。

我知道，华为推出过5G手机。

是的，但现在市场上已很少出现华为5G手机了，华为手机的国内市场占有率排名已从第一下滑到了第五。

为什么会这样？

主要是因为美国不愿看到华为在5G技术上遥遥领先，威胁到美国的科技霸权。2019年，美国将华为列入"黑名单"，禁止美国任何个人或机构与华为开展合作，导致华为研发的5G芯片无法生产。

你不是说华为有"备胎"计划吗?

5G芯片就是华为的一个"备胎"计划,由华为旗下的海思公司设计,并将其命名为麒麟芯片,主要用于替换美国高通公司的骁龙芯片。但作为一家芯片设计公司,华为海思并不从事芯片制造和生产,所以设计好的芯片还需要找其他企业加工生产。

芯片设计

芯片制造

你知道吗?

芯片行业通常分为设计和制造两大类,芯片设计公司不生产芯片,而是委托芯片制造企业代为加工。这就好比服装设计师设计好衣服的款式,再交由服装厂按设计图纸批量生产。

服装设计

服装制造

国内的芯片制造企业就不能帮华为生产5G芯片吗？

目前国内企业只能加工生产中低端芯片，像麒麟芯片这样高端的5G芯片，还无法加工。

如今全世界也就两三家企业可以生产高端芯片，但全在美国的掌控之下。美国的一纸禁令，使它们都无法给华为生产5G芯片。

美国也太霸道了。

这还不算完。美国还试图阻止其他国家采购华为的5G通信设备，想直接封杀华为。所以，华为一直在想方设法突破美国的封锁生存下来。

任正非曾在华为全体员工大会上说过：除了胜利，我们已无路可走。以此来激励华为员工迎难而上，突破"卡脖子"的关键技术。

怪不得华为手机市场占有率持续下降。现在华为推出鸿蒙操作系统，是不是为了防止谷歌的安卓操作系统无法使用？

和5G麒麟芯片一样，鸿蒙操作系统也是华为在十几年前准备的另一个"备胎"。只不过，美国的制裁加速了它的开发进程。但要记住，鸿蒙操作系统绝不仅是安卓操作系统的一个替代品。

它们不都是手机操作系统吗？

你先更新一下鸿蒙操作系统，用用看再说。

感觉怎么样，好用吗？

一般，没看出来和安卓操作系统有什么区别。鸿蒙操作系统是不是安卓操作系统的套壳，只是换了个"马甲"啊？

那我问你，如果一个动物看上去像小鸡，走起路来也像小鸡，那么它是什么动物？

老爸，你这不是废话吗？它肯定是小鸡了。

但是一款操作系统如果看上去像安卓系统，用起来像安卓系统，同时安卓系统上的各类应用软件也能顺畅运行，那它一定是安卓操作系统吗？答案可就不一定了。

那还会是不一样的操作系统？

在回答这个问题之前，我们先从智能手机的拥有量入手。目前国内95%以上的成年人至少拥有一部手机，手机市场已逐渐趋向饱和。

相反，其他智能设备则在蓬勃发展，如智能手环、智能手表、智能家居等。随着智能设备数量的增加，越来越多的问题也逐渐暴露出来。这些智能设备由于生产厂家不同，彼此之间无法实现互联互通，成为一个个信息孤岛。

装个手机App就可以解决了，我就是这样让手机和智能音箱相连的。

没错，但如果家里有10台智能设备，而且这些设备都由不同厂家生产，那是不是要装10个不同的App，不嫌麻烦吗？

如果设备一多，还确实挺麻烦的。

所以信息技术的进一步发展是要让越来越多的智能设备实现自动互联，打破单一设备的局限性，构建一个万物互联的网络，这就是物联网（Internet of Things）。

互联网

我们常说的互联网解决了人与人之间的信息沟通问题，比如微信聊天、网页浏览、网上购物等，而物联网要解决的是物与物、人与物之间的信息沟通问题，涉及制造、物流、交通、医疗、能源等多个领域。

物联网

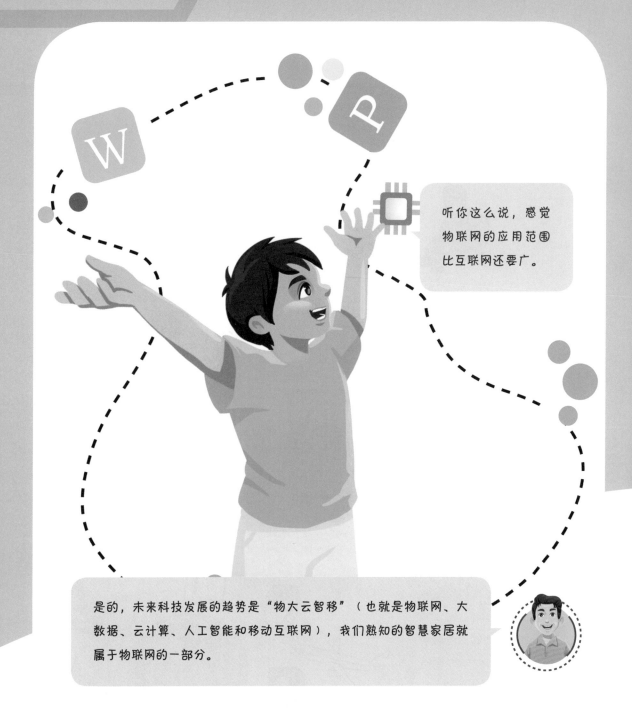

听你这么说，感觉物联网的应用范围比互联网还要广。

是的，未来科技发展的趋势是"物大云智移"（也就是物联网、大数据、云计算、人工智能和移动互联网），我们熟知的智慧家居就属于物联网的一部分。

物联网被认为是下一个具有万亿级产值的信息技术产业。目前物联网设备数量正处于高速增长期，估计到2025年，全球的物联网设备会超过1000亿台，远大于电脑和手机的数量之和。

随着联网设备增加，对IP地址的需求也在急剧上升。当前32位IPv4协议最多只能提供约43亿个IP地址，远远无法满足需求，所以IP地址需要扩容，从原来的32位扩展到128位，这就是新一代的互联网协议IPv6。

该协议所能提供的IP地址数量是2的128次方，这是海量的IP地址资源。形象地说，地球上每一粒沙子都可以被赋予一个IP地址，这就为未来物联网的可持续发展扫清了障碍。

IPv6
IPv4
为未来物联网可持续发展扫清障碍

怎么可能会有那么多物联网设备呀？

当然有，比如眼镜、衣服、书包、鞋子、耳机、台灯等日常用品如果加上物联网芯片，都可以成为物联网设备中的一员。

如果这样的话，物联网设备的确非常多，所有非智能的东西只需要一个芯片就可以变成智能化产品。

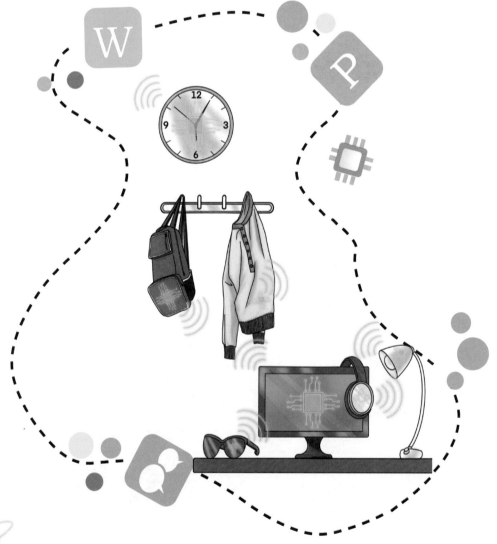

据推测，未来物与物之间的通信互联规模将会是人与人之间的30倍以上。

爸爸，这个30倍以上的差距怎么理解啊？

我举个例子。到了晚上，人与人之间的通信联系就会减少，但物联网设备却还在工作。比如，睡觉用的床如果"移植"了物联网芯片，它就会时时刻刻记录你睡觉时的呼吸频率、体温变化等与睡眠有关的数据，并上传至手机后台。

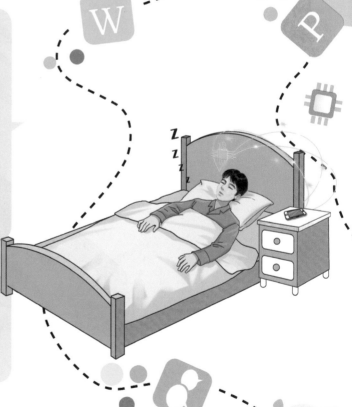

哦，我明白了，因为物联网设备并不需要人来操作，所以它可以时刻保持通信状态。

117

如何让这么多智能化的物联网设备实现高效互联呢？这才是鸿蒙系统出现的真正意义。你知道华为为什么取"鸿蒙"这个名字吗？

老爸，你总是问些我肯定不知道的问题。

你就是阅读量太少了！"鸿蒙"一词在很多文学作品中都出现过，比如《西游记》第一回，在菩提祖师给孙悟空取完名之后，作者吴承恩附上了一句诗："鸿蒙初辟原无姓，打破顽空须悟空。"这里便埋下了孙悟空将来大闹天宫的伏笔。

"鸿蒙"原意是指中国神话传说中的远古时代，那时世界处于一片混沌。后来"鸿蒙"被用于表示一切事物的开端。

因此，鸿蒙操作系统的寓意是建立一个全新的操作系统，即物联网操作系统，这同时也是我们国产操作系统真正的开端。

鸿蒙操作系统不仅能在手机上使用，而且还打通了电视、汽车、智能穿戴等各种物联网产品，从底层将这些大大小小的硬件连接起来，使它们看上去就像一台设备。相比之下，安卓操作系统和苹果的iOS系统只能在手机等少数设备上使用。

119

你的意思是这些设备相连就不需要通过第三方App了？

是的，在硬件层面上实现真正的万物互联。

鸿蒙操作系统是怎么做到的呢？

关键在操作系统的内核上。操作系统内核主要负责管理系统内存、设备驱动、进程和网络系统，是连接各种应用程序和硬件的桥梁，而安卓和鸿蒙操作系统都是基于Linux系统内核进行的二次开发。

Linux系统是一套免费开源的操作系统，任何人都可以在上面按照自己的需求进行修改。你可以把Linux系统想象成一个万能引擎，可以根据需要在飞机、火车、汽车甚至拖拉机上进行改装。不过安卓操作系统采用的是Linux宏内核架构，而鸿蒙系统采用的是微内核架构。

爸爸，啥是宏内核和微内核架构？

宏内核就是把所有的硬件管理都集中在内核里面，而微内核只提供最核心的功能，比如任务调度、内存管理等，其他应用模块都被移出了内核。

相比之下，宏内核执行效率高，但内存占用大，比如安卓操作系统至少需要500 MB运行内存；而微内核内存占用小，最少只要128 KB内存，且扩展性强，但运行速度会有所变慢。

老爸，能不能说点我能听懂的。

打个比方。假如学校的校长需要助手帮忙管理学校，学校可以聘用一位校长助理，该助理对学校师生情况、日常校务都了如指掌，能高效协助校长工作。但同时，学校也要为助理提供较高的薪资待遇和独立办公室。假如这些条件无法满足，学校也可以聘用一位门卫，他只负责帮校长传递消息，不用管理学校事务，而学校为门卫提供的待遇也相对低一些。

我明白了，校长助理好比宏内核，而门卫就像微内核。

我们绝大多数物联网设备的硬件条件都无法和手机相比，内存最小的只有100多KB，所以无法安装宏内核。这时候，微内核就表现出强大的可适配性。

从内存小到只有128 KB的物联网设备，比如烤箱、微波炉、洗碗机、吸尘器，到拥有12 GB运行内存的高端智能手机，都可采用同一套操作系统。

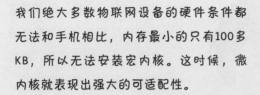

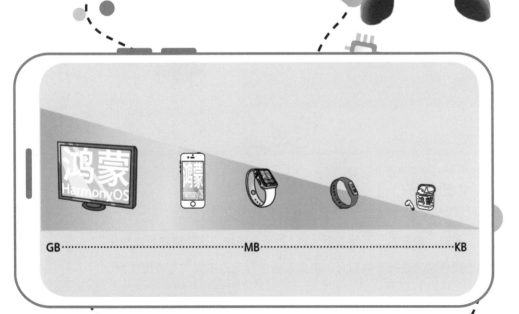

我知道了，烤箱、微波炉这样的日用家电，并不需要像手机一样，拥有通话、视频播放、录像、拍照等功能，所以操作系统中跟这些功能相关的部分都可以去掉，整个系统内核就会变得很小，有点量体裁衣的感觉。

这个成语用得很恰当。微内核有点像搭积木，需要什么就添加什么，不会造成功能浪费。

你知道吗?

目前，鸿蒙操作系统被拆分成1万多个模块，这些模块可以根据不同的硬件需求进行有效组合，确保设备内存无论多大均可适配使用。

那搭载鸿蒙操作系统的物联网设备又如何相互沟通联系呢？

这又涉及华为的另一项独门秘籍：分布式软总线技术。

我先解释一下什么是总线技术。简单来说，总线就是计算机内部的物理连线，它将计算机的各个部件，如CPU、内存、硬盘、显示器相互连接，并作为数据传输的公用通道。

总线的英文为"bus"，相当于我们经常乘坐的"公交车"，任何人都可乘坐公交车到达不同的站点。在计算机中，信号就是沿着总线传播到各个硬件系统的。

那"软总线"中的"软"是什么含义呢？

"软"是相对于"硬"而言的。"软"是指这根总线看不见、摸不着，但它却真实存在。

这又是什么东西？

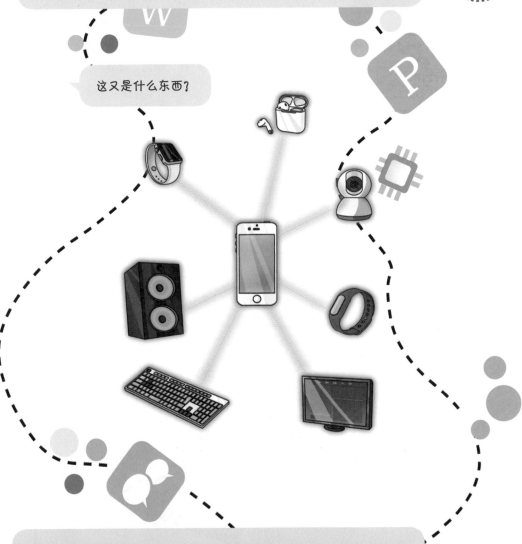

这就是无线传输，你看不见的无线电波。随着无线技术的快速发展，我们很多外接设备，如键盘、耳机、鼠标，都已实现无线化了。

通过无线通信技术把各种物联网设备用同一套标准统一起来，实现互联互操作，这就是分布式软总线技术。它有点像秦始皇统一六国后施行的"书同文、车同轨"政策。

通过分布式软总线技术可以直接调用各种物联网设备，不需要第三方软件参与，而这些物联网设备就相当于手机的外设，华为称之为超级终端。

华为手机的下拉菜单里就有超级终端这个功能，现在我终于明白它的含义了。相比之下，安卓和苹果手机是没有这项功能的。

华为还提出了一个"1+8+N"策略：1代表手机，8代表电脑、平板、智慧屏、音箱、眼镜、手表、耳机和车载智能系统，N则代表包含家电在内的各种智能物联网设备。

有了这个分布式软总线技术，鸿蒙系统在调用这些超级终端的时候，延迟时间非常短，几乎感觉不出来。

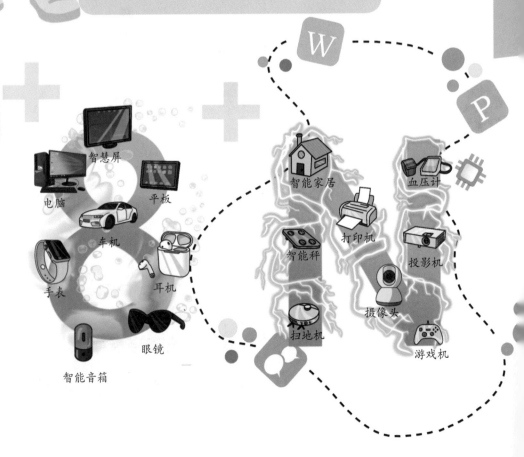

鸿蒙手机

智慧屏

电脑

平板

车机

手表

耳机

眼镜

智能音箱

智能家居

血压计

打印机

智能秤

投影机

摄像头

扫地机

游戏机

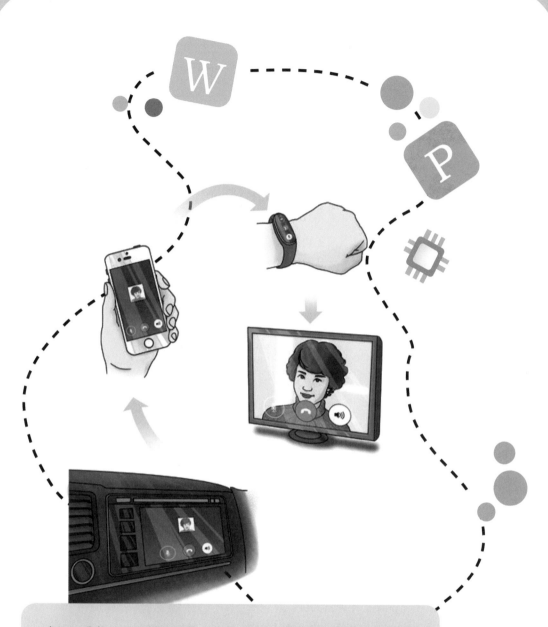

你可以设想一下这样的场景：爸爸在汽车上利用车载系统跟妈妈语音通话；汽车进入车库停下后，鸿蒙系统自动把通话转移到手机；等爸爸走到家门口，系统再把通话转移到智能手环；爸爸进门后，还可以选择让系统把通话转移到电视，并打开摄像头，接着视频连线通话。

哇，这个功能太强大了！那华为岂不是要生产所有的智能设备？

不是的，华为目前只生产其中"1+8"的设备，而"N"所代表的物联网设备则由其他公司生产，华为只提供鸿蒙操作系统源代码。

事实上，华为已把鸿蒙操作系统源代码无偿捐献给了开放原子开源基金会，并取名为OpenHarmony，以跟华为自用的鸿蒙操作系统相区别。所以任何开发者都可以免费下载使用OpenHarmony。

爸爸，为什么华为要把鸿蒙操作系统对外开放呢？

一款操作系统的生命力取决于它的用户数量。我们国家这些年也开发了不少操作系统，但因为用户数量太少，这些操作系统慢慢就无人问津了。

一般认为16%的市场占有率是操作系统成功与否的分水岭。按这个计算，2021年搭载鸿蒙操作系统的设备数量必须超过3亿台。

我明白了，华为这样做的目的是吸引更多厂家来使用鸿蒙操作系统，以帮助它跨过16%的"生死线"。

华为现在的首要任务是围绕鸿蒙操作系统建立起完整的软硬件生态。为此，华为与国内多家老牌家电企业合作，准备将鸿蒙操作系统嵌入这些企业生产的智能家电中。届时只需"碰一碰"便可实现手机与家电的互连。

比如用微波炉烤鸡，我们只要提前将鸡肉放进去，然后拿起手机与微波炉碰一碰，手机就会和微波炉自动相连。然后只要在手机端选好菜谱，微波炉就会按照菜谱烹饪，不需要人工调整烹饪时间和火候，一切交给鸿蒙系统来掌控，是不是非常方便？

太棒了！以后我还可以自己做香辣鸡翅，想想口水都要流出来了。

到目前为止，已经有1000多家硬件生产商、300多家应用和服务伙伴，以及100多万开发者加入了鸿蒙生态建设。这就是众人拾柴火焰高，也是华为一直到现在还没被打垮的原因。

难道全世界就华为一家公司在开发物联网操作系统吗？

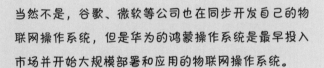

当然不是，谷歌、微软等公司也在同步开发自己的物联网操作系统，但是华为的鸿蒙操作系统是最早投入市场并开始大规模部署和应用的物联网操作系统。

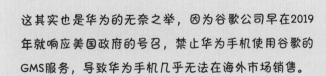

这其实也是华为的无奈之举，因为谷歌公司早在2019年就响应美国政府的号召，禁止华为手机使用谷歌的GMS服务，导致华为手机几乎无法在海外市场销售。

爸爸，GMS服务是什么呀？

GMS服务是谷歌移动服务（Google Mobile Service）的缩写，其中包括谷歌地图、谷歌邮箱以及在线视频、在线搜索等多款应用软件，这些应用软件是海外用户经常使用的。手机如果缺少GMS服务，在海外市场基本就无人问津了。

你想想看，如果苹果手机无法使用微信、支付宝、百度地图等国内常用App，那么大家还会购买苹果手机吗？

那肯定不会了。

这些移动服务就是手机生态的一部分，而华为也正在努力打造自己的华为移动服务（Huawei Mobile Service，简称HMS）来突破美国的限制。美国打压华为，是为了遏制中国的发展。要知道，除了华为以外，我们国家还有上百家企业和机构正受到美国的制裁和打压。

我记得老师讲过，我们国家多年来一直受到西方国家最严厉的技术封锁和限制，连号称对外开放的国际空间站也不让中国参加，所以我们只能建设属于自己的中国空间站。

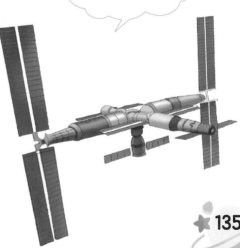

从当年的"两弹一星"到现在的载人航天工程，都体现了我们中国人那一股不服输的精神和韧劲。要知道，这几十年来，我们国家就是在不断学习国外先进技术的基础上，坚持独立自主和自力更生，才一步步改变初期贫穷落后的面貌，快速成长为世界第二大经济体。

所以呀，你从小就要学会自立自强，不会做的作业自己多想想，不要动不动就来找我。

老爸，你也太绕圈子了，不就是不想让我来烦你嘛！

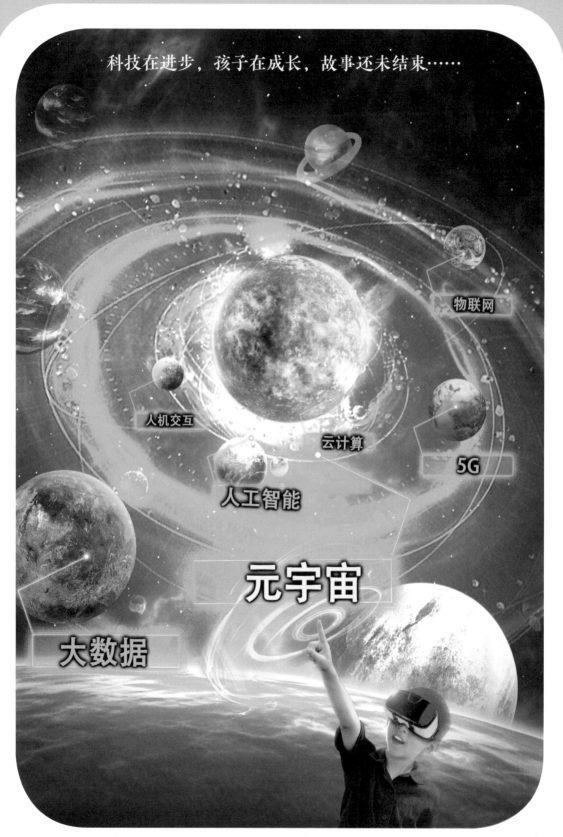

我国在信息科技领域的重点发展方向：

1. 核心电子元器件、高端通用芯片和基础软件
2. 极大规模集成电路制造装备及成套工艺
3. 新一代宽带无线移动通信网
4. 高性能计算和云计算
5. 量子通信和量子计算
6. 类脑计算与脑机融合技术
7. 国家网络空间安全
8. 天地一体化信息网络
9. 智能制造和机器人
10. 大数据
11. 人工智能
12. 物联网
13. 区块链技术
14. 智能交互
15. 虚拟现实与增强现实

注：以上信息来源于国家"十三五"和"十四五"科技发展规划，以及2035年远景目标纲要，上述发展方向可作为孩子未来专业学习和职业规划的参考。

如果意犹未尽，不妨再看看这些拓展阅读书目和影视作品：

阅读书目

[1] 孙学良编.道德经.中国少年儿童出版社，2015.

[2] 金庸.金庸作品集（典藏本）.广州出版社，2019.

[3] 尼尔·斯蒂芬森.雪崩.郭泽，译.四川科学技术出版社，2017.

[4] 陈芳，董瑞丰.巨变：中国科技70年的历史跨越.人民出版社，2019.

[5] 周显亮.任正非：除了胜利，我们已无路可走.北京联合出版公司，2019.

[6] 袁载誉.互联网简史.中国经济出版社，2020.

[7] 阿什利·万斯.硅谷钢铁侠：埃隆·马斯克的冒险人生.周恒星，译.中信出版社，2016.

[8] 李开复，王咏刚.人工智能.文化发展出版社，2017.

[9] 危文.滚烫元宇宙：6小时从小白到资深玩家.电子工业出版社，2022.

[10] 橙花.周星驰：做人如果没有梦想，跟咸鱼有什么分别.华文出版社，2017.

影视作品

[1] 《黑客帝国》系列

[2] 《终结者》系列

[3] 《机械战警》系列

[4] 《头号玩家》

[5] 《阿凡达》

[6] 《我，机器人》

[7] 《科技的力量：中华人民共和国70年科技档案》

留给孩子们思考的问题

1. 家里所用台式机、笔记本电脑、平板电脑、手机的操作系统类型以及CPU型号、核数、主频等性能参数分别是什么？

2. 下载一款网络测速软件，对比有线网速和无线网速的差异。找一找家中Wi-Fi信号最强和最弱的地方，思考一下原因。

3. 能否找到家中的光纤入户信息箱，看看箱子里都有哪些"宝贝"？

4. 能否尝试用电脑通过手机热点连接互联网？

5. 遮盖部分人脸，试试手机能否完成人脸识别功能？

6. 能否尝试确定蓝牙耳机与手机之间的最远通信距离？

7. 能否尝试下载VMware虚拟机软件，在电脑上创建虚拟机并安装不同的操作系统？

8. 有哪些方法能将手机与其他智能终端相连？

9. 能否成功挑战一天之内不触摸任何电子产品？

10. 还有哪些中外名著描述了虚拟世界的故事？

11. 《黑客帝国》的主人公是如何区分真实世界和虚拟世界的？

12. 《头号玩家》中的游戏爱好者们是如何进入"元宇宙"空间的？

13. 《终结者》和《我，机器人》中的智能机器人具有哪些超人类能力？有没有违反阿西莫夫的"机器人学三原则"？

14. 《机械战警》和《阿凡达》中无行动能力的人是如何具有超强战斗力的？

15. 你对未来的想象是什么？

图书在版编目（CIP）数据

和孩子聊聊从互联网到物联网 / 仇志军，仇博文
著 .—上海：上海科技教育出版社，2022.9
ISBN 978-7-5428-7782-6

Ⅰ . ①和… Ⅱ . ①仇… ②仇… Ⅲ . ①物联网 –
儿童读物 Ⅳ . ① TP393.4-49 ② TP18-49

中国版本图书馆 CIP 数据核字（2022）第 117301 号

责任编辑　林赵璘　匡志强
装帧设计　严　潇　陈振宇　李梦雪

HE HAIZI LIAOLIAO CONG HULIANWANG DAO WULIANWANG
和孩子聊聊从互联网到物联网
仇志军　仇博文　著

出版发行　上海科技教育出版社有限公司
　　　　　　（上海市闵行区号景路 159 弄 A 座 8 楼　邮政编码 201101）
网　　址　www.sste.com　www.ewen.co
经　　销　各地新华书店
印　　刷　上海普顺印刷包装有限公司
开　　本　787×1092　1/16
印　　张　9.25
版　　次　2022 年 9 月第 1 版
印　　次　2022 年 9 月第 1 次印刷
书　　号　ISBN 978-7-5428-7782-6/N·1155
定　　价　78.00 元